高等学校风景园林教材
Textbooks for Landscape Architecture

风景园林建筑快速设计

Landscape Architecture Rapid Design

曾洪立 王晓博 胡 燕 编著

中国林业出版社

图书在版编目（CIP）数据

风景园林建筑快速设计 / 曾洪立，王晓博，胡燕　编著.—北京：中国林业出版社，2010.4
（高等学校风景园林教材）

ISBN 978-7-5038-5478-1

I.①风…　II.①曾…　②王…　③胡…　III.①园林建筑－园林设计－高等学校－教材　IV.①TU986.4

中国版本图书馆CIP数据核字（2010）第057278号

中国林业出版社·环境景观与园林园艺图书出版中心
策划、责任编辑：李　顺　吴金友　吴　璨
电话：83229512　　　传真：83287584

出　　版：中国林业出版社（100009　北京西城区德内大街刘海胡同7号）
网　　址：www.cfph.com.cn
E-mail：cfphz@public.bta.net.cn　　电话：（010）83224477
发　　行：新华书店北京发行所
印　　刷：北京画中画印刷有限公司
版　　次：2010年4月第1版
印　　次：2010年4月第1次
开　　本：787mm×1092mm　1 / 12
印　　张：11.5
字　　数：320千字
印　　数：1～5000册
定　　价：56.00元

风景园林建筑快速设计

主　编：曾洪立（北京林业大学园林学院教副教授）

副主编：王晓博（北方工业大学建筑工程学院讲师，北京林业大学园林学院博士研究生）

胡　燕（北方工业大学建筑工程学院讲师，北京林业大学园林学院博士研究生）

参加编著人员：（按年级顺序）

北京林业大学园林99-1班：邓　炀

北京林业大学风景园林C0-2班：齐岱蔚　刘　佳　马　健　孙　莉　王　晔　刘应强　陈志娟

北京林业大学风景园林C1-3班：黎鹏志　刘博新　廖自涵　张　磊　冯潇慧　薛　菲　刘赞硕　张　胤　曾　凡

流水别墅模型制作小组

北京林业大学园林01-2班：滕晓漪

北京林业大学园林02-5班：岳　靖

北京林业大学风景园林02-3班：徐玲玲　朱甜甜　尹　庆

北京林业大学园林03-1班：许晓明

北京林业大学风景园林03-4班：刘　帅　孙冰清

北京林业大学园林03-5班：钟春玮

北京林业大学园林05-2班：李　慧

北方工业大学建筑学05A-1：刘　敏　王增光　钟伟荣

北方工业大学城市规划06：李　强　潘之花　于　猛

北方工业大学城市规划06A-2：浦晨霞　梁　雯

前　言

　　古代兵家培养将士，素有"养兵千日，用兵一时"的说法，其含义一方面指要重视平时的勤学苦练和积累；另一方面强调了进行实战应用的短暂和快速的特性。以设计单位的招聘考试、研究生考试为前提的快速设计训练是对设计人才培养训练成果的一种有效的实践检验方式，既考察了平时的素质学习内容，又能检验出被测试者的应变能力。因此，快速设计的培训环节是综合能力的体现，既要表现出设计创作的灵动性，还要有实践的可行性，只不过它更加强调时效性。在当前设计形势迅速发展的情况下，时效性的重要地位则表现得相当突出，所谓"快题不快"讲的就是这个道理。

　　对于园林、风景园林专业的学生和设计人员来讲，园林建筑快速设计应当是一项基本功，是必须具有的业务素质和能力，既是应试的内容，也是工作中的重要环节。为了更为形象和有效地让大家了解园林建筑快速设计的内容和形式，我们编著了这本书，供大家参考。

　　随着人们生活中水平的迅速提高，对具有园林氛围的环境要求也是日渐强烈，因此，园林建筑的功能内涵也在逐渐扩大，应用领域也迅速扩展，逐渐从单纯的服务于欣赏风景向旅游、居住、游乐、休闲、展览、标识等更多的与人们生活接近的类型发展，建筑形式、结构和材料也更加多样化，这些在快速设计的训练当中也能反映出来。

　　相对于建筑院校的建筑设计课程训练来讲，园林建筑设计有其特殊性。希望本书能够帮助大家掌握园林建筑基本设计和快速表达技能方面有所帮助。

　　北京林业大学孟兆祯院士百忙之中校阅了本书的第一章，提出了两个关键点："景以境出"的设计基本原则，"境"指的是边界、境界、所在地，包括了物质的和精神的两方面内容；"工欲善其事，必先利其器"中的"器"指的就是基本功和工具。

　　本书选用的学生作品实例大多数来源于北京林业大学园林学院历届同学，共有将近十届同学的设计作品被收录其中，有的同学的作品还不止一份，如齐岱蔚、刘帅、朱甜甜、徐玲玲、刘博新、廖自涵、刘赟硕、张磊、黎鹏志等同学，在此，向提供设计作品的他（她）们表达诚挚的感谢。另外，本书还引用了已经出版发行的东南大学、南京林业大学、西安建筑科技大学等部分同学的园林建筑设计作品和北京北方工业大学部分同学的临摹作品，在此一并致谢。

　　在图纸资料的整理过程中，还得到北京林业大学园林学院2004级同学潘尧阳、侍文君、戈小宇、王长宏等同学的帮助，他（她）们运用非凡的图纸拍摄和计算机图像处理技能将许多多年前完成的设计图纸（其中有很多画在草图纸上的作品）能够较为完美地再现于书本之上，在此也深深地表示感谢。

　　本书主要编著人员完成情况如下：

　　曾洪立　　第一章、第三章、第四章、第五章

　　王晓博　　第二章、第三章

　　胡　燕　　第三章

曾洪立

北京林业大学园林学院

目 录 **Contents**

目　录 Contents

1. 园林建筑的特点

园林建筑有别于其他类型的建筑，其主要特点是：位于风景环境当中，是园林环境的重要组成要素，它除了为游人提供观赏风景、遮风避雨、驻足休息、游憩起居等活动场所之外，还与其周围的地形、植物和人文相互结合，组成风景画面，有时还起到构图中心的作用，成为具有较高的审美价值，并且适合欣赏的独立景观。

园林建筑与风景环境的关系讲求自然和谐，包括形式、内容和原则。无论在世界上的任何地方，人们对风景环境的欣赏、利用，以及园林建筑的选址、立意和建造使用，都直接地反映了人们对待自然的态度和处理人与自然的关系时所采用的方式方法。

园林建筑要切合使用人的行为习惯，表现出以人的审美需求为主体的基本特征，建筑的尺度接近于人体比例，满足人在使用上的生理与心理需要，具有很强的实用性、灵活性和通用性。有时利用天然的构筑物，如岩洞、悬挑的崖壁、树穴等，根据欣赏风景的使用需求稍加改动建设，就可以建成园林建筑，继续为人们所利用。

园林建筑还受自然条件的影响，气候、地形、水文、生物、材料的影响，讲求随形就势、因地制宜，促进园林建筑的结构体系、空间造型、工艺手段和地方风格的形成。

园林建筑随着社会组织结构的发展变化，适用的范围日渐宽广，不仅出现在郊野的风景名胜区、城市的园林绿地内，还扩展到人文气息非常浓厚的广场、街道、居住区、庭院、宗教设施、娱乐场、遗产迹地、商贸市集、河湖滨海等处，成为进行社会生活活动的重要场所和反映道德精神的载体。

从狭义上讲，园林建筑指位于园林之中的供人休憩、聚会、游览的厅、堂、轩、榭、亭、廊、楼、阁、桥等建筑类型，从广义上讲，其涉及到现代风景环境中的构筑物、小品、展示建筑、小型商业建筑、别墅、馆舍、茶室、码头、入口、观景台、接待室等多种类型和形式，在风景环境中起到点景、观景、障景、框景、借景等景观作用，还有引导、指示、标识路线景点的作用，以及提供居住、展示、服务、宣传、集散、接待等场地的作用。园林建筑结构类型有砖结构、砖混结构、钢筋混凝土结构、钢结构、木结构、膜结构等多种；建设材料应用了泥土、石、砖、金属、玻璃、塑料、布、植物、水、纳米材料等等。可以说，随着社会的发展，当今的园林建筑包含范围已经深入扩展到人们日常的生产、生活中，园林建筑与普通建筑的含义差别之处，关键在于具有风景园林环境的美学艺术特性，基于广大建筑使用者的审美意识和观念的提高而得以发展。

由于与自然环境及人的生活紧密结合，园林建筑在建筑布局、空间组织等方面表现得十分自由和灵活，在不同的历史时代反映着被服务群体不断发展和变化着的要求和愿望。

2. 园林建筑快速设计

（1）定义

园林建筑快速设计是指在较短时间内完成融合于风景环境中的建筑方案设计，并运用一定手法进行表现。时间的长短根据需求及设计者而有所不同，有2小时、3小时、5小时、8小时，也有一两天，或者一个星期的，但无论如何，相对于一般设计的长期反复地推敲、修改、完善的过程而言，快速设计突出的是"快"的特点。

（2）适用范围

一般情况下，除了各种形式的考试采用快速设计的方式外，为了完成某些时限很短的实际设计任务或者仅仅是提供一些方案设想作参考，园林建筑设计师没有充足的时间或者没有必要来按部就班地进行深入完整方案的探讨，往往要采取非常规的设计手段，拿出具有相当水准的设计来，而此时采用的就是快速设计的方式。可以说，快速设计也是艺术创作形式的一种，同时也是在有限时间内展现多种设计方案的简便方法。

（3）参加人

对于参加的人来讲，快速设计更加需要参加人具有多种综合能力和敏捷的思维，可以将精力高度集中起来，承受高强度的设计劳动量，并投入到高速度的设计过程，在较短的时间内完成任务。

园林建筑设计创作是一项多方案比较的研究决策过程，大多经历了由模糊到清晰、由不确定到确定、由多种到一种的不断选择、辨析的过程，图纸的表达也存在着逐渐肯定、不断完善的特点。在图纸绘制的过程中，设计者的头脑也在迅速地对平时搜集的信息进行加工和发掘，从而及时地将信息转换成象形的式样，以专业的方式绘制在纸上，同时纸上出现的形象又反馈给大脑，进而刺激新的形象信息产生。正是这样一种循环反复的过程不断地使创作思维得到锻炼，使设计水平和设计素质修养获得提高。在快速设计过程中，这一锻炼得到高强度的充分发挥，促进设计方案的迅速形成。

（4）主要内容

同一般的设计过程一样，快速设计也包含了审题立意、构思方案、表现制作三大步骤。其设计过程同样也是集思想创作、手工绘图和文字表达能力于一体的工作过程，主要成果包括方案设计的总平面图、各层平面图（或各标高平面图）、主要立面图和剖面图、节点详图、效果表现图、设计说明，要求全部绘制在规定的图幅内（A1，A2，A3），作图的要求除了按规范手工制图外，没有其他过多的限制。

（5）评价标准

由于报考园林专业的园林建筑快速设计考试通常只有3小时的考试时间，并且这种设计方式有其自身的特点，因此，评判的标准就有其独特而明确的要求。虽然每次的评判人和评判对象都有所不同，但是一些基本的、共性的和专业的标准要求是必需的。

首先，考试最为重要的方面是以选择培养人才为目的，考察设计者的综合素质与专业修养。园林建筑快速设计方案本身的优劣说明了应试者对这一专门方向的掌握程度，而通过设计功底的展现，图纸、文字、排版布局等一系列表现技能的运用，体现出个人的设计素质和修养。因此考生只要在考试时放松心态，集中精力，发挥出平时训练的最好水平，就能够顺利完成。由于时间紧迫，方案表达要抓住设计的主要方面，而一些次要的方面可以适当简略，临场时不经意的微小笔误也有可能出现，但要尽量避免。

其次，符合设计任务的要求，满足设计条件。设计条件一方面指的是属于法规、规范的经济技术准则，另一方面是指立地自然条件，如地形坡度的允许做法，排水沟渠的设置等，还包括人文建设环境，比如如何与现有的人工构筑物、环境氛围相协调等。

再者，达到园林建筑设计本身的基本要求——构思精巧、功能布局合理、空间新颖多样、结构技术可行。

最后，设计方案的艺术表现力要强。园林建筑快速设计的成果就是设计图纸和说明文字，方案本身和图面的表达既要全面深入，富有新意和耐人寻味，还要能够夺人耳目，给人深刻印象。也就是说，表达方式要具有艺术性，营造画面外的艺术环境氛围，具有撼动人心的魅力。

（6）注意事项

设计方案要全面而有特色，有一些因素是不能忽视的，更不能因小失大。

首先，一定要按照考试任务书要求的全套内容完成方案设计，并且尽可能不缺项、不少项；其次，图纸绘制要合乎行业规范的表达方式，设计方案立意明确、功能完善、交通便捷、空间流畅、结构合理、材料新颖、比例恰当、合乎规范是判断一个方案优略的重要因素；再者，重视某些细节，特别是能够代表方案特色的部分，不仅包括要深入刻画设计方案中的详细设计部分，还包括在排版构图、表现效果上都要予以强调；第四，保持图面整洁；最后要着重强调手工绘制方案图纸的艺术水准，包括对线条质量、色彩搭配、色相层次等等非设计主要内容都应当予以适当精心处理。以上这些都对提高园林建筑快速设计方案的水平有着极其重要的作用。

（7）设计过程

准备工作

"工欲善其事，必先利其器"，参加园林建筑快速设计考试时，"器"指的就是基本功和工具，以及运用这些技能和工具的心态。

基本功——包括建筑和园林环境的设计方案表达的基本功和设计的基本功，表达的基本功具体体现在平立剖面制图、透视画法、文字表述上。设计的基本功具体体现在设计方案的基本功能完备、空间合理、尺度恰当、建筑造型富有观赏性，并且与环境协调等方面。

工具——快速设计可以采用尺规工具，也可以采用手工徒手绘制进行制图，但都要符合尺度与比例，因此，应试者除了要准备常用的丁字尺、三角板、比例尺、圆规、模板外，就是要选择一种或几种自己平时擅长的表现方式和笔具。表现方式有铅笔（黑白和彩色）表现、炭笔（碳条和粉笔）表现、墨线笔（钢笔/针管笔/绘图笔）表现、淡彩（水彩+钢笔/铅笔/炭笔）、渲染（水彩/水粉）、马克笔几种，通常大家常用的是铅笔、墨线笔、淡彩和马克笔。无论选用那种方式和工具，最终的目的是要快速地将图纸绘出，平时练习和考场上的熟练使用是关键。

审题分析

测试的内容通常以任务书的形式列出，对园林建筑各方面的要求和需要限制因素都已经清晰地列出，认真阅读设计任务书，正确理解题目的意义，确定哪些该做和那些不该做，这是把握设计方向的关键一步。文字当中要注意对环境条件的描述，有很多设计条件是贯彻在设计方案始终的，比如大环境的气候环境、人文背景、结构、形式、建筑高度的掌控等。对设计方案的具体内容要求，如图纸类型等，也都用文字说明。无论任务书篇幅长短，一定要抓住实际要求的主要方面和具体的要求，才能够不偏离设计方向。

用地的地形条件通过地图的方式附在任务书中，包括了用地范围、环境交通、地形地貌、建设状况、朝向、景观条件、比例尺等抽象的信息，需要进行具象的还原，为设计方案提供理性的分析依据。

分析结论主要包括的内容有：项目所在地区的自然人文特点，可保留和利用的地形地物，建筑群体布局的形式，选用的材料和结构，建筑色彩、高度，周边建筑物对方案设计的影响，以及周围环境的关系，道路交通设施的分配等。

构思立意

确定任务书的要求后，设计者根据要求制定出合适的构思意向方案，构思中要切记：①立意符合主题，方案中要解决的是设计要求的核心问题，离题、跑题、有偏差都为不妥；②形势和内容与环境协调；③建筑风格突出特色；④易于短时间进行表达。此段时间控制在大约15~20分钟为宜。

草案形成

这一阶段要在结构合理、细节深化、人体行为的尺度和比例恰当方面作进一步的调整，

绘制效果图初稿，并初步将各图草稿按照设计意图在绘图纸上进行排版布局，留出说明文字和特色标识（如果有的话）的位置。草案阶段越深入完善越好，"不厌其细"可以使后续的工作更加快捷，此段用时约为30~40分钟。

正稿绘制

在绘制正稿之前，先要确定一个图纸布局（谋划草案时就要有初步的打算），用精心的构图来衬托高超的设计构思，布置立面和剖面图时要将图纸上下摆放，不要出现围着平面图转圈的现象。正稿还可以直接在淡铅笔绘制的草案上用墨线或深色的铅笔线绘制，可以节约一定的时间。绘制当中常出现的问题也是最基本的问题，如基本的制图规范、空间布局、人体尺度等。每一张图纸常出现的问题有以下几种情况：

总平面图——缺失，范围太小和内容不全。内容要包括建筑本身的屋顶俯视图和阴影（可以补充对建筑的理解）、内外交通的道路位置宽度、铺装中硬、软质材料的范围、绿地（乔木、灌木和草坪的位置）、水面、岩石、等高线及标高、特殊地形、停车场等（图1-1）。

各层平面图——缺层、楼梯错误、功能分区混杂、空间布局不适合功能需要、缺少外环境陪衬（尤其是出入口部位）。各层平面布局应当从环境设计和体型设计两方面入手，环境设计要侧重考虑欣赏景观，体型设计首先要考虑形成景观，坡屋顶的建筑常常在园林环境中被采用。在平面图中加入家具设备布置会更加体现设计尺度的合理性（图1-2，图1-3）。

绘制正稿花费的时间最长，因为在绘制的过程中，还要将很多不尽成熟的内容进行深化，因而要花费约90分钟时间，其中透视效果图大约要占用30分钟左右。

立面图——形象平淡、没有细部。立面是正确反映建筑功能特征的重要方面，对于园林建筑设计来讲更注重立面的观赏性，整体造型在与环境相结合的基础上，更加充分地结合地形进行设计是创造建筑特色和减少环境破坏的重要措施。立面的形成受到功能内容、空间组合、结构形式、细部处理、装饰构架的影响很多。在立面上表现出光影效果、虚实空间的对比、开门和窗的特色、细部节点和墙面材质的搭配组合对增加立面的生动性有较大的作用（图1-4）。

剖面——结构不合理、形式与功能要求不符、高度尺寸偏差太多。剖面更多地反映出建筑内部的空间使用和地形利用情况，也极大地影响了建筑外部的形象。剖切的位置要能够表现内部空间的精彩变化，剖到楼梯踏步最好。

效果图——透视不准确、极其草率、没有细部，配景比例失调。园林建筑快速设计的效果图对于设计意境的表达最为重要，无

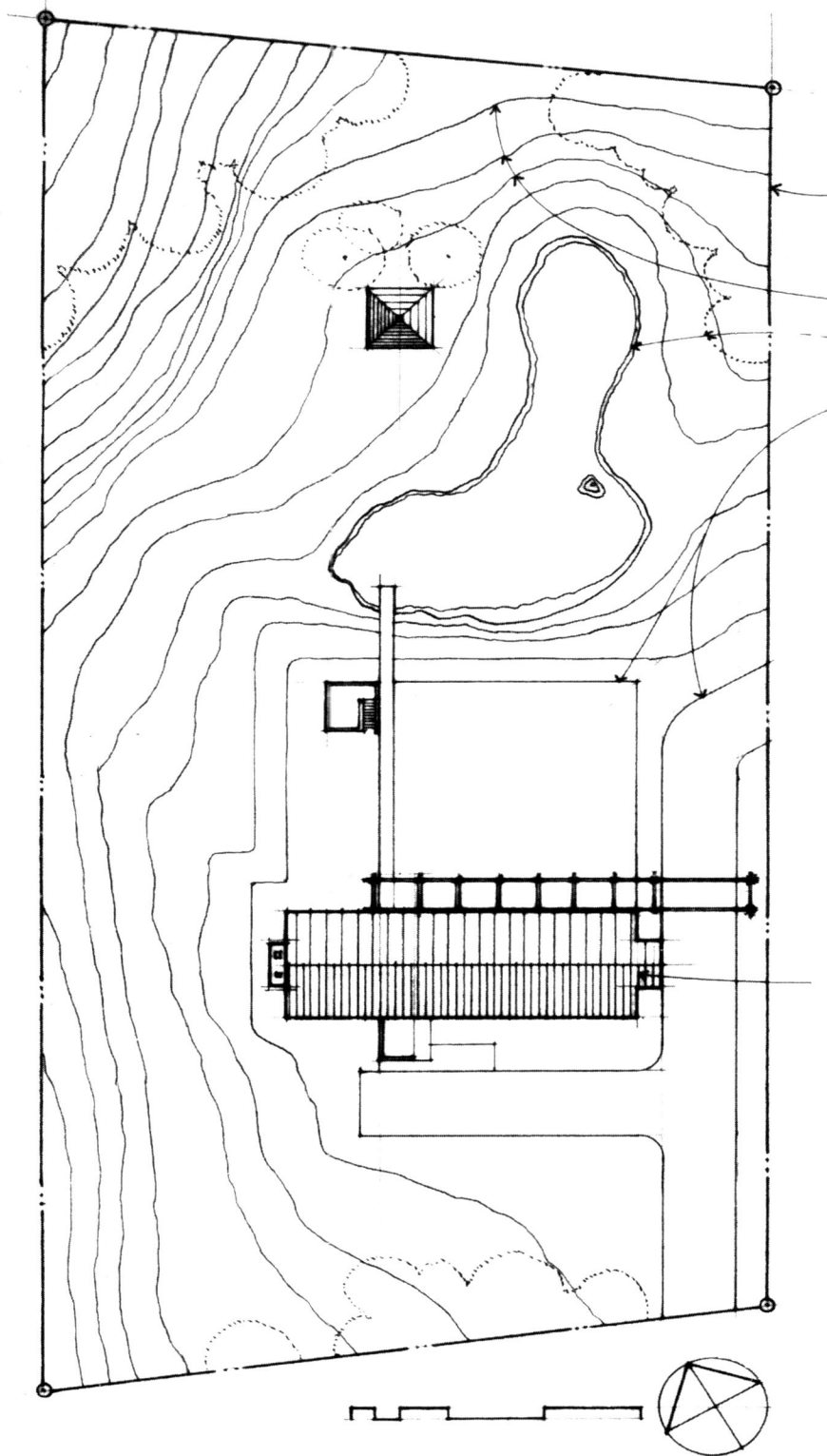

总平面描述位于一小块场地及其相关环境地域上的单体建筑或者建筑群体。无论这个环境是城市还是乡村，总平面应当描述以下内容：

· 法定标记的地块边界，用两个短破折号或点分割的点画线表示

· 用等高线表示地形的自然地貌
· 自然场地特征，如树木、地上风景和水源

· 现有或规划建设的场地设施，如步行道、庭院和公路

· 临近环境中与规划建设的房屋有冲突的建筑物

另外，总平面包括：
· 法律规定，如分区设置和道路红线
· 现有或规划建设的场地公共设施
· 行人和机动车的入口和道路
· 影响重大的环境约束和特征

屋顶平面
屋顶平面是俯视平面，描述屋顶或者具有诸如天窗、平台、温室等等屋顶特征的平面的形式、面层、材料。
· 典型的屋顶平面包含在为设想的单体建筑或建筑群所做的总平面中。

图 1-1 总平面图的内容
　　　引自《ARCHITECTUREAL GRAPHICS, Fourth Edition》。

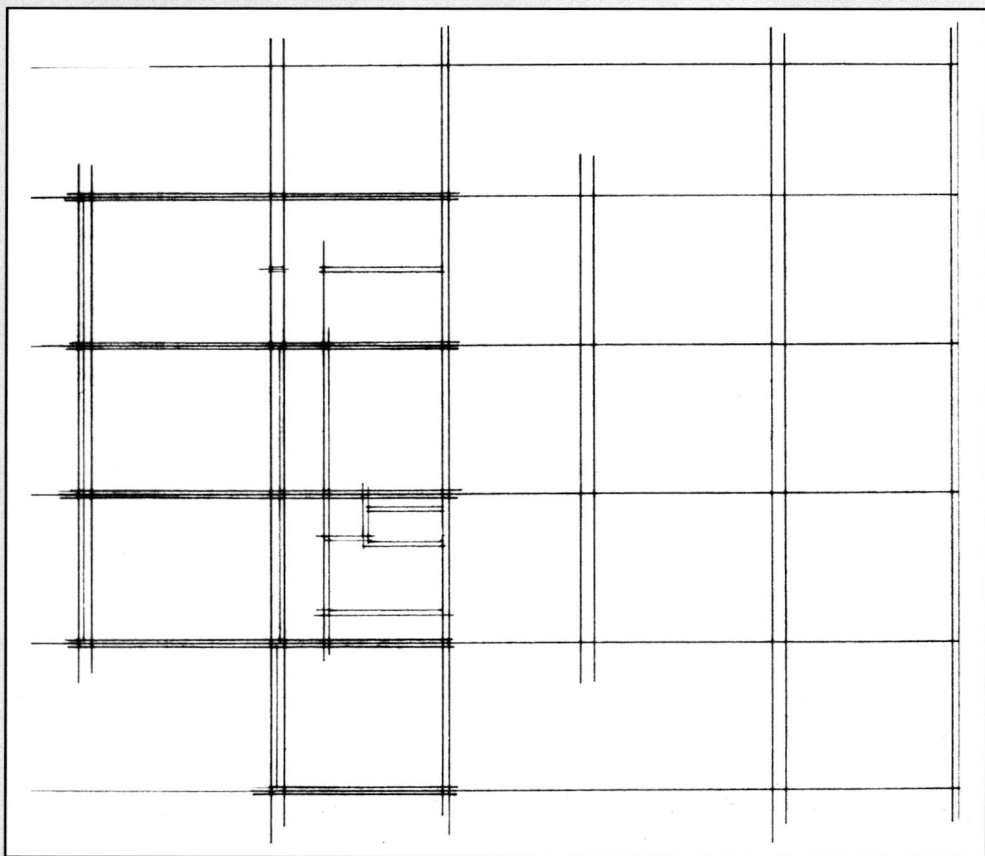

图 1-2 平面图的初步确定
　　引自《ARCHITECTUREAL GRAPHICS, Fourth Edition》。

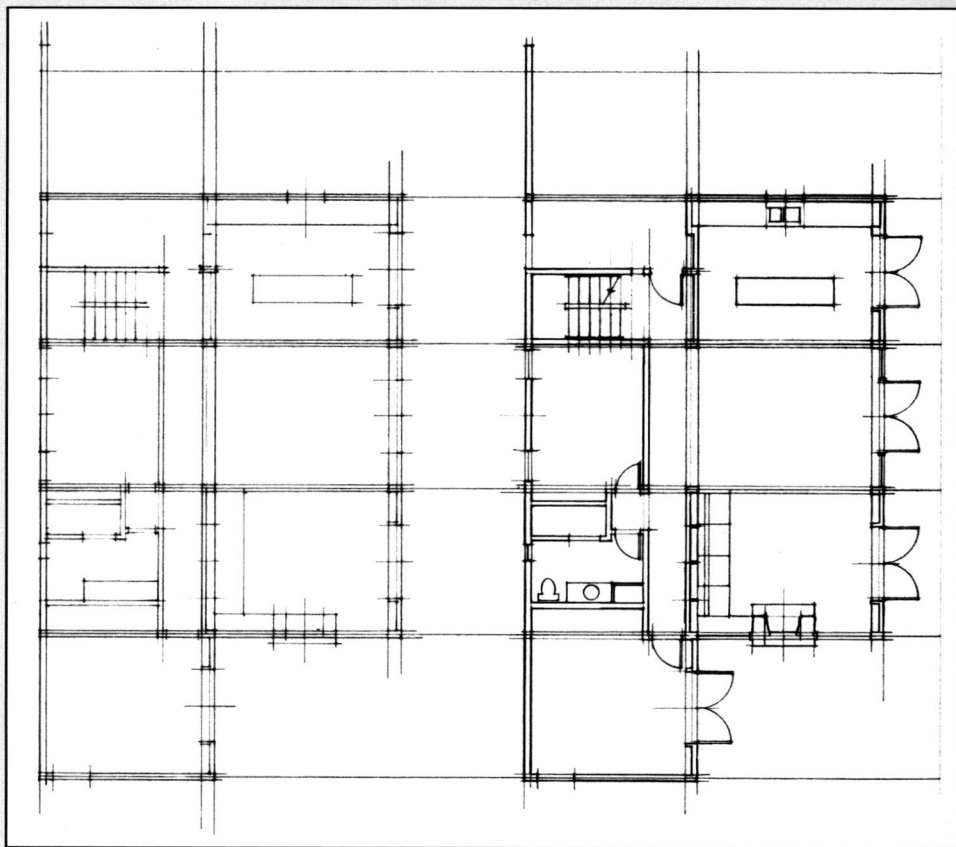

图 1-3 平面图的深入表达
　　　引自《ARCHITECTUREAL GRAPHICS, Fourth Edition》。

论绘画的风格是清淡雅致、婉约工丽，还是潇洒奔放，都不能忽视建筑形体的物质形态特征和环境的表达。画好效果图同样贵在平时的熟能生巧。园林环境的配景以人、树、石为主，画法以简练概括、富于层次表达为先，位置应得当，要以烘托主景为首，切忌喧宾夺主，填充画幅（图1-5）。

说明编制

说明书要简单明了，言简意赅，一般为200~500字。内容是对方案设计进行概括性的描述，尤其要突出方案设计的特色。对于一些从图纸中就可以一目了然的环节不必再次重复，而是要将未能通过图纸表达出来的重要环节进行说明，将相关的设计指标列出，将使评判者又能从数量方面加强理解。用不到15分钟的时间完成此阶段的工作，因为在之前的设计绘图过程中，已经将具体的内容在头脑中反复熟练多次了。

结尾收拾

在测试结束前要留出15~20分钟的时间对整个方案的每一个环节进行检查和校验。一旦发现严重的错误，如与主题不符、选址不

比例和细节

为了适应一定尺寸的纸张、羊皮纸或者说明版面，建筑图被用一种缩小的比例特别绘制出来。即便数字印刷和制图有纸张大小的限制，图纸的比例还是决定了图表形象可以包涵多少的细节。相反，想要表达多少的细节决定了图纸的比例将是大或者小。

数字比例

重新确定一套数字资料的尺寸和比例相当容易。印刷或者绘制一张饱含过多数据资料的图纸会导致一幅图像过于密集而不能被读解。

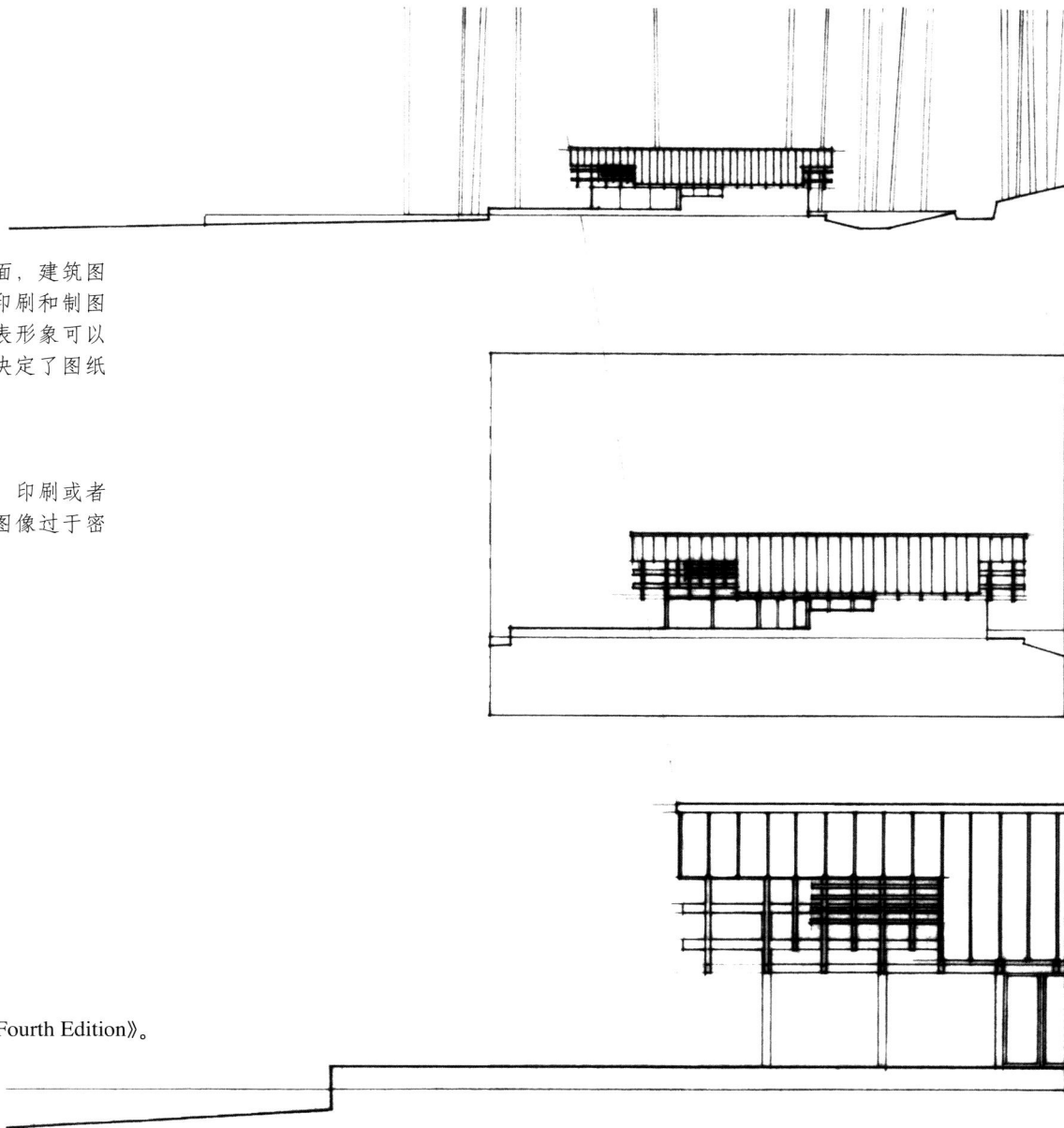

图1-4 立面图的比例和细节
　　引自《ARCHITECTUREAL GRAPHICS, Fourth Edition》。

在规定用地范围内、结构不成立等，将要在尽可能的情况下进行修改补救。如果发现一些小问题，如没有配景、忘记画剖切符号、指北针、比例、图名，没有说明书，图框没打，文字、数字误写等，还可以有时间补充和修改，争取提交一份相对完美的答卷。

总之，在风景园林环境中进行建筑设计应注意以下要点：

总平面环境设计中，要体现出建筑所处的优美环境，表现内容尽可能全面，山、水、树、木、园都应包括在内。

建筑设计宜组合灵活，造型小巧多变，可塑造成小品的感觉，能与周边环境相协调。

设计时，要注意营造出整体的环境氛围，让建筑与环境都充分表达出来。

（8）著名设计师的方案构思草图

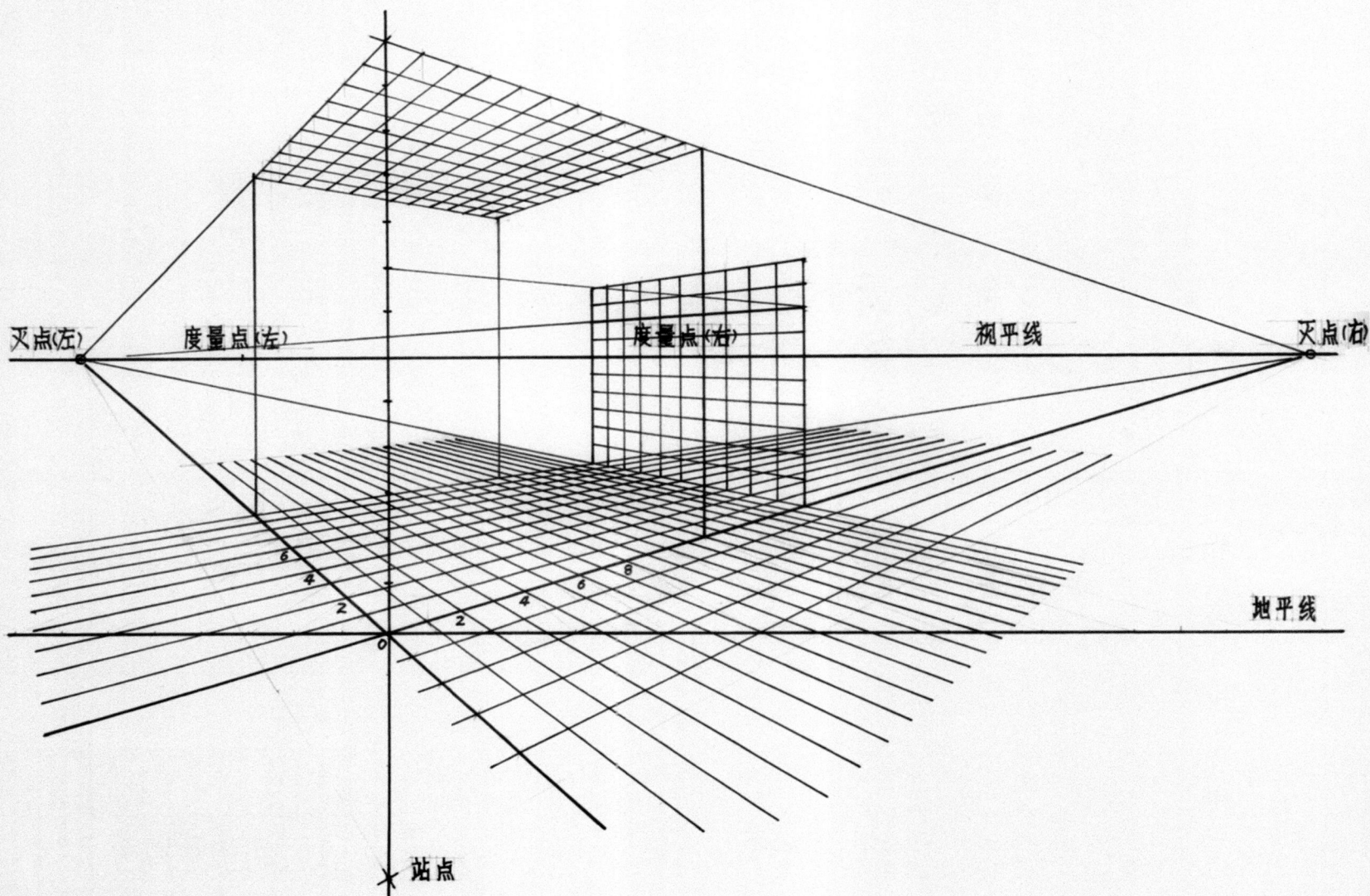

图 1-5 绘制透视效果图的简单原理。
　　（注意视点的选择，充分展示欲表现的对象，并注意远近、高低、大小的变化，保证透视的准确性。）

图 1-6 勒·柯布西耶的方案构思草图———一座建筑设计方案的设计效果预想。（引自《Le Corbusier Volume 3, 1934-38》)

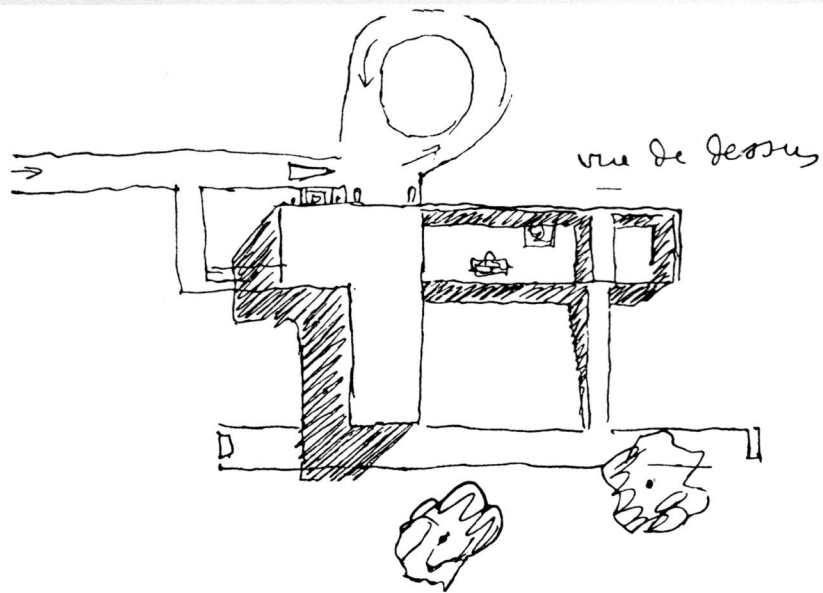

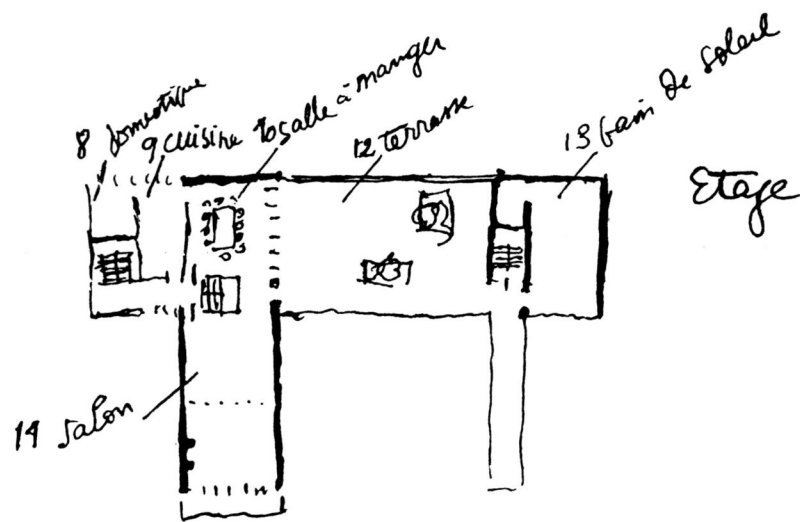

vue de dessus

8 domestique 9 cuisine 10 salle à manger 12 terrasse 13 bain de soleil

Etage

14 salon

soupente

15 terrasse

14 bureau

1 entrée 2 garage 4.5.6 chambre 7 chambre du président

Rez de Chaussée

3 laundry

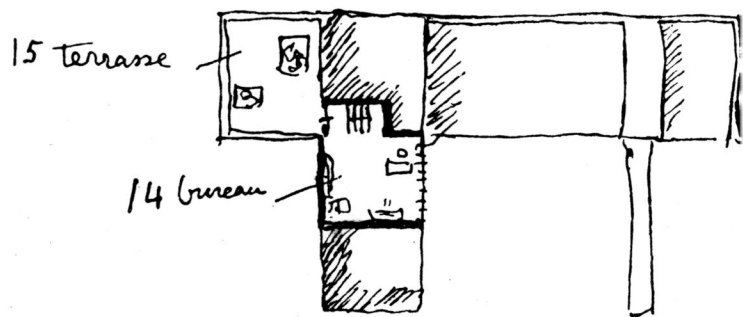

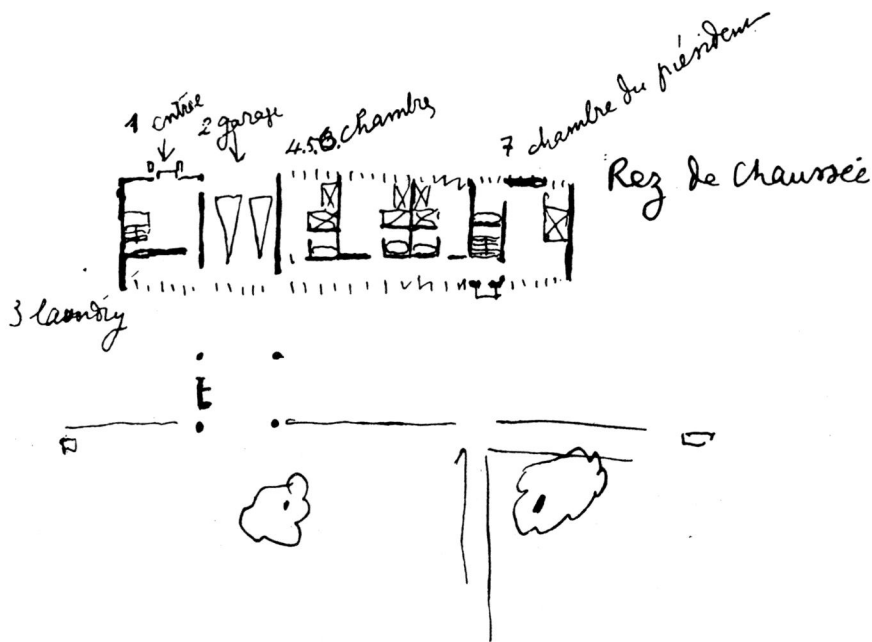

图 1-7 勒·柯布西耶的方案构思草图——对一座建筑设计方案中的多种平面进行思考 (引自 《Le Corbusier Volume 3, 1934-38》)

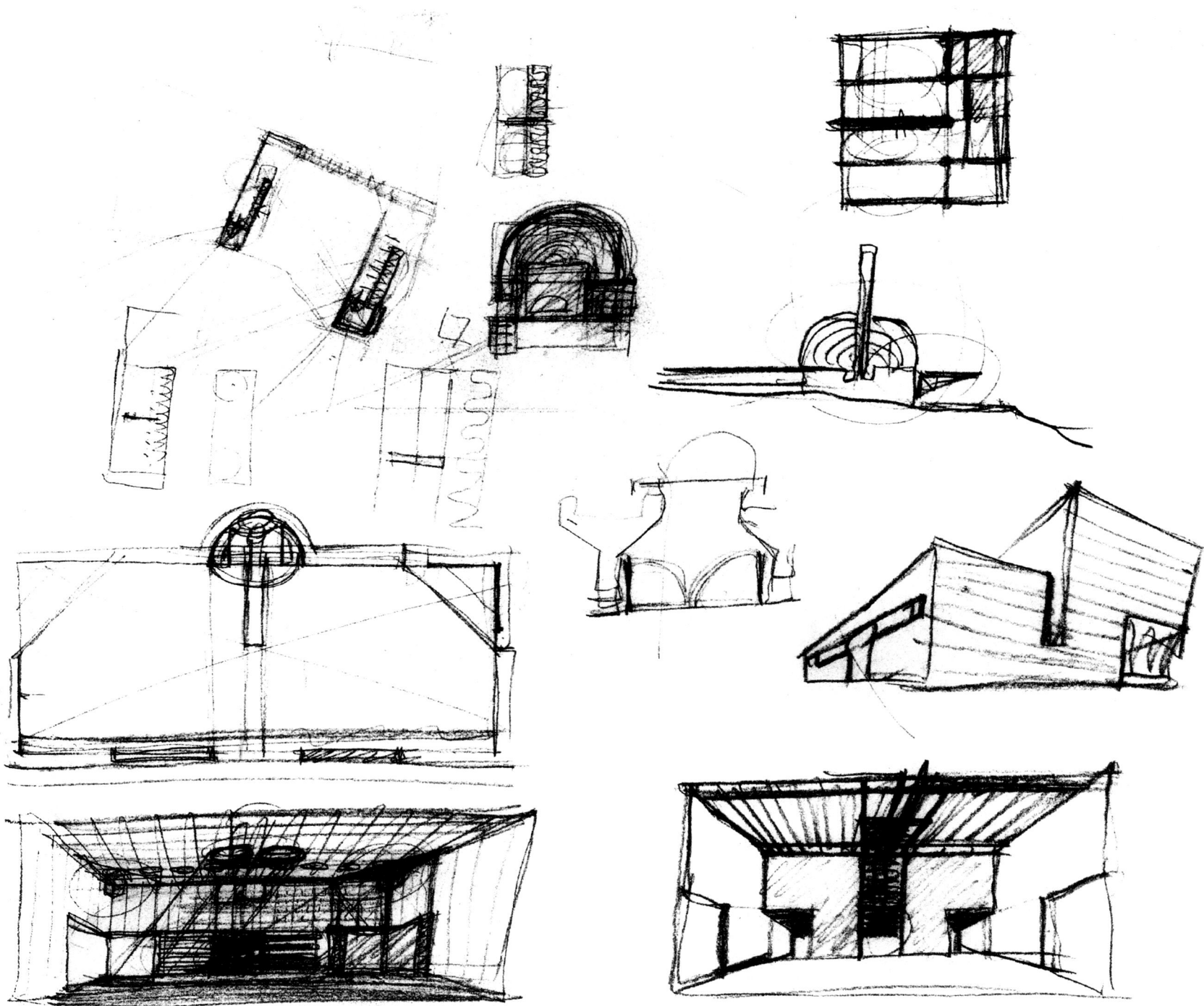

图 1-8　马里奥·博塔的建筑设计方案构思草图（引自《Le Corbusier Volume 3, 1934-38》）

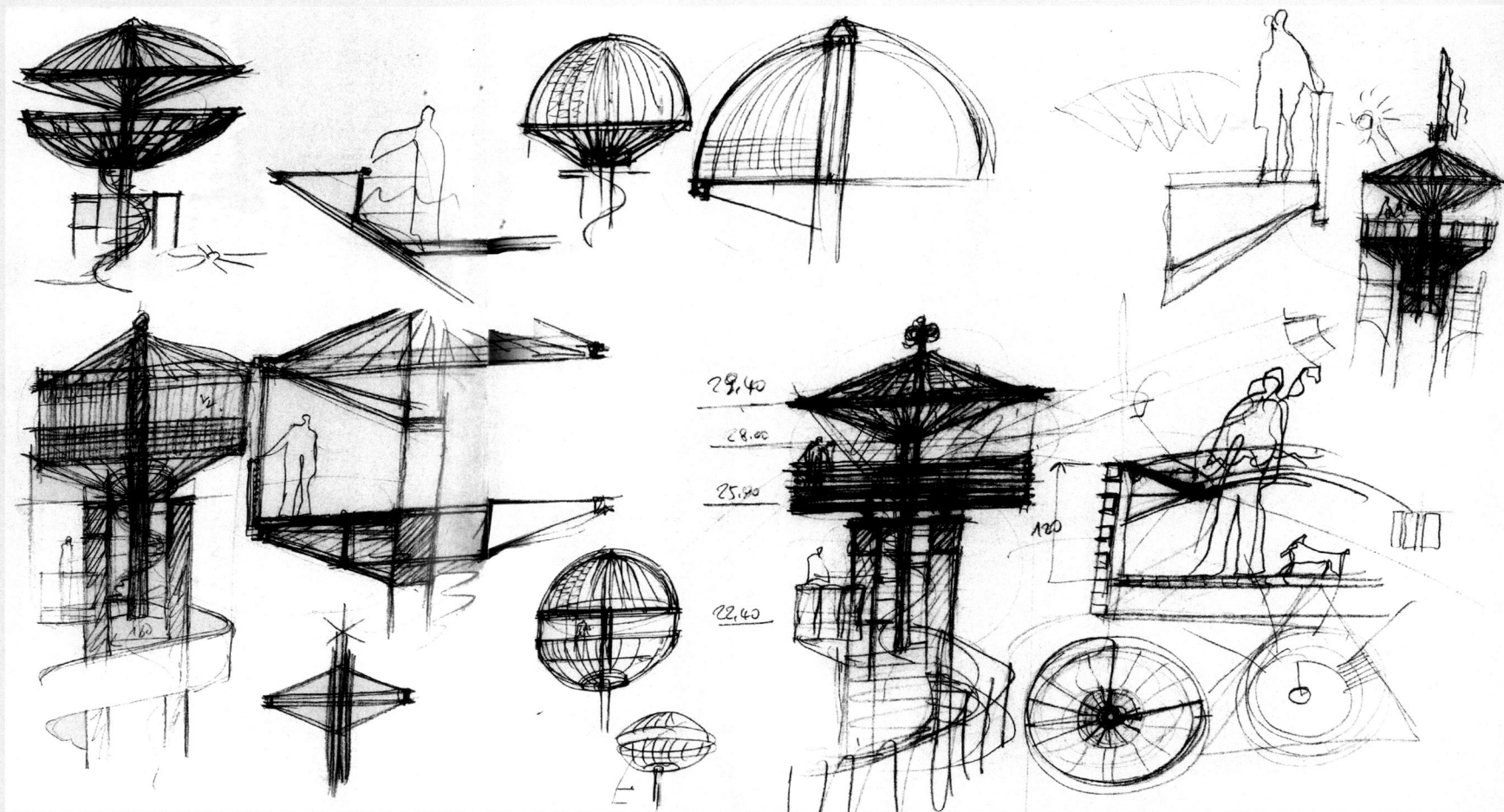

图 1-9 马里奥·博塔的建筑设计方案构思草图——在笔与线的游走中形成的图纸逐渐显现出建筑的形象，平面、立面、剖面和透视效果图都在酝酿中，连细部设计也都在考虑当中（引自《Mario Bota, Light and Gravity, Architecture 1993-2003》）

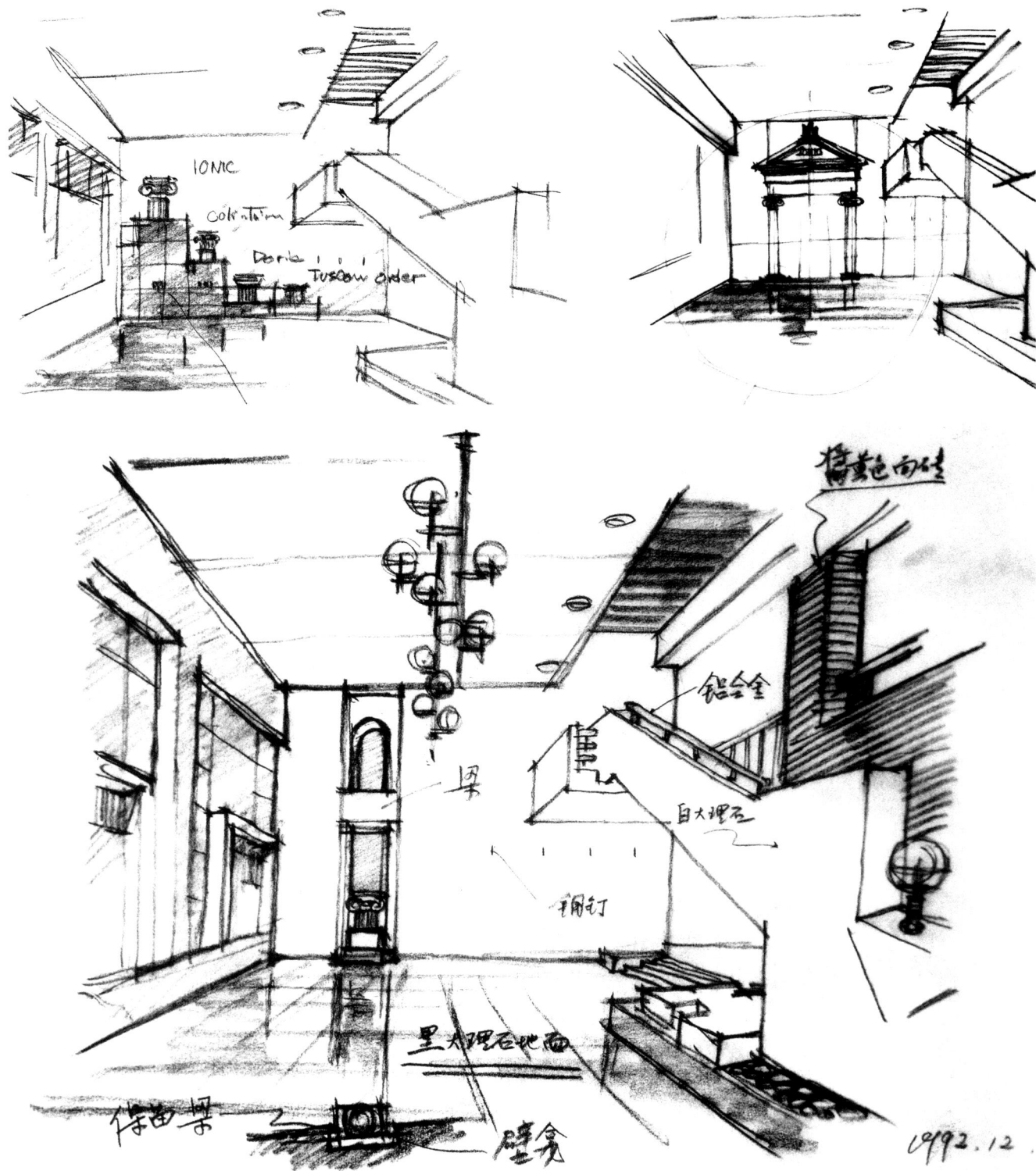

图 1-10　胡绍学的建筑中庭室内设计方案构思草图——多方案的比较和推敲使得设计愈臻完善（引自《建筑创作与技法研究》）

图 1-11 胡绍学的建筑中庭室内设计方案构思草图——简练娴熟的马克笔表现效果图可以作为设计构思的重要诠释（引自《建筑创作与技法研究》）

图 1-12 以毡头笔作于 21.6×27.9cm 的擦脸纸上（堪萨斯州立大学学生，20 分钟，引自《美国建筑画》）

图 1-13　德克萨斯州休斯敦，自助餐馆。用彩色马克笔和尼龙尖笔，50.8×17.8cm，（设计绘制者：Ivo D. 德皮克建筑事务所，1 小时，引自《美国建筑画》）

图1-14　得克萨斯州的休斯敦，
　　　　一幅度假别墅的示意草
　　　　图（设计绘制者：Ivo
　　　　D.德皮克建筑事务所，
　　　　用彩色马克笔和尼龙尖
　　　　笔，17.8×10.2cm，5
　　　　分钟，引自《美国建筑
　　　　画》）

图1-15　得克萨斯州的休斯敦，
　　　　一幅度假别墅的中稿草
　　　　图（设计绘制者：Ivo
　　　　D.德皮克建筑事务所，
　　　　用彩色马克笔和尼龙尖
　　　　笔，20.3×12.7cm，15
　　　　分钟，引自《美国建筑
　　　　画》）

3. 园林建筑模型制作

园林建筑模型制作是一种有效的辅助设计手段，可以通过真实的三维立体形象展示加强设计方案的真实表现力，模拟建筑材料的质感，还使设计者能够从多角度观察建筑形体，激发设计师的想象力，并以此为依据对设计方案进行更为有效的修改。掌握快速的模型制作技术应当成为设计师的一项基本功。简单的技术（如切、割、剪、绑、粘贴、折叠、焊接等）和易于加工的材料（如卡纸、塑料薄膜、木质、航模板、泡沫板、聚苯板、金属丝等）都是快速制作模型所需要的。

注：

1. 华东建筑设计院编.中华人民共和国行业标准——博物馆建筑设计规范 JGJ 66-91. 1991.8.1

2. 中华人民共和国建设部编. 中华人民共和国行业标准——住宅设计规范GB 50096—1999(2003年版). 1999.6.1

参考文献

[1] 余卓群主编.博览建筑设计手册.北京：中国建筑工业出版社，2001.4

[2] 王晓俊等编著.园林建筑设计.南京：东南大学出版社，2003.12

[3] 黎志涛编.快速建筑设计100例.南京：江苏科学技术出版社，2001.8

[4] 邓雪娟编.餐饮建筑设计.北京：中国建筑工业出版社，1999

[5] 胡绍学著.建筑创作与技法研究.北京：中国建筑工业出版社，1997

[6] Ivo D. 德皮克著，李迪恂译.美国建筑画.北京：中国建筑工业出版社，1991

[7] Francis D. K. Ching. ARCHITECTUREAL GRAPHICS, Fourth Edition. John Willy & Sons, Inc, New York, 2003

[8] Le Corbusier & P. Jeanneret. Le CorbusierŒuvre Complète Volumn 3.1934-38. Publièe par Max Bill architecte Zurich Textes par Le Corbusier，1995，p133

第二章
园林建筑快速设计题型介绍
——环境特征

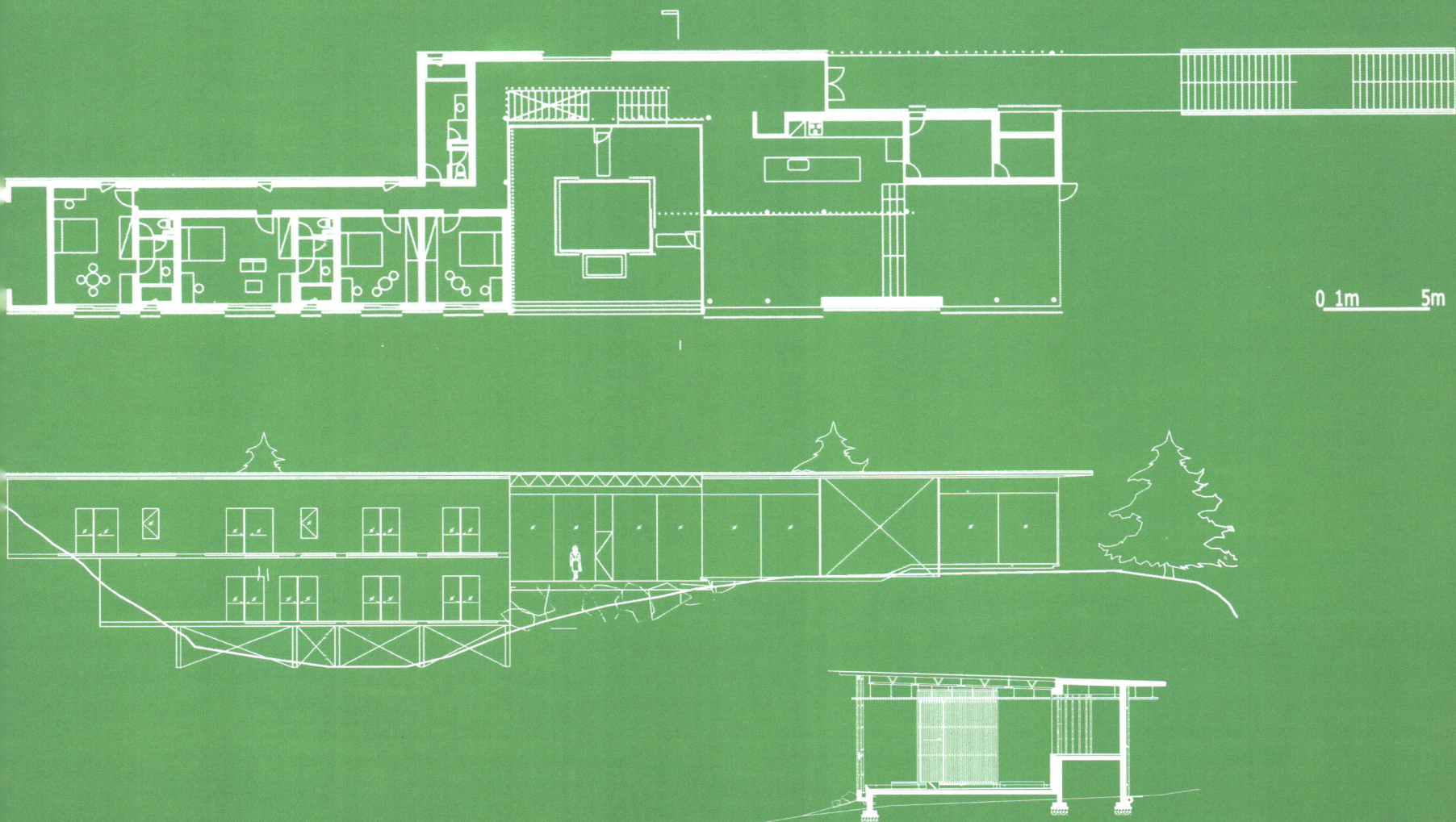

0 1m   5m

环境特征是建筑设计中不可忽视的元素，建筑所依托的环境在很大程度上影响了建筑的功能分布及造型特点。建筑周边的环境是进行快速设计时需要考虑的重要环节，但是很多学生往往忽视了这一重要信息，不管周边地段环境是山地，还是平地，周边是历史建筑，还是城市街道，或者是风景优美的公园，什么都不考虑，上来就直接做。山地当平地做，历史建筑权当不存在，只是按照自己头脑中原有的思路，将一个与环境毫无联系的设计方案直接放在纸面上就可以了。这是不正确的，很多题目往往就是把考点放在了这些特殊的环境上面，所以要特别注意分析周边环境。本章从山地环境、滨水环境、历史环境、风景园林环境4种角度介绍一些典型环境的处理及表现方法。

1. 山地环境

（1）基本特征

山地环境对建筑设计有着较大的影响。无论是选址还是建造，保证基地和建筑的安全稳固是首先要考虑的问题。在山地环境中，建筑的平面功能可以根据地形变化而做出不同的功能分区，但要注意满足无障碍设计要求。建筑造型设计时，要考虑的不仅仅是建筑本身的设计，而且是要结合整个山地环境的设计。在山地环境中，建筑应当作为山体形态的一个有机构成元素，努力成为山地自然地貌的一种延续，使建筑与环境和谐对话。

山地建筑不同于平地建筑，不能单纯地套用平地建筑的设计理念、设计思维和设计手法。山地地形变化虽然在一定程度上限制了建筑设计，但也提供了创作的机会。山地地形高低错落，

在设计时应当充分利用这些变化，做出丰富多变的空间设计，运用多样的设计方法。要因地制宜地利用建筑所处的山形地貌，不去破坏原有的地形、地貌和自然景观，使建筑有机的融入环境之中。

山地的坡面有缓、陡之分，建筑基础与山地之间的位置关系有分离、嵌入和衔接3种状态的不同，分离的情况下一般采用的是底层架空的形式，衔接的结合方式常常通过挡土墙的处理将建筑与山体分隔开，嵌入的状态是为了保持建设基地表面的原始或自然状态而经常运用的处理方式。但在大多数情况下，在山地建屋经常随机地灵活运用各种手段，根据各方面的实际情况综合处理，而不拘泥于任何一种状态形式。

（2）设计要点

在进行山地环境的建筑设计时应注意以下要点：

在总平面环境设计中，要正确认识等高线，明白其代表的山体走势，然后选择合适的地段做建筑设计。尽量将建筑放在等高线较疏松的地段（相对平坦地段），为建筑留出环境设计空间。

平面设计中，注意根据建筑功能空间的特点，营造舒适的主要使用空间，在一些辅助空间处理高差问题，但要注意满足无障碍设计的要求。

剖面设计中，要体现出建筑结合地形设计，表达出建筑内部及周边环境的高差变化，地形、建筑结构等要表达正确。

总平面和剖面能更好地反映出山地地形特点，并且能充分展示出设计者利用山地地形环境，营造出建筑与环境和谐共生的气氛。

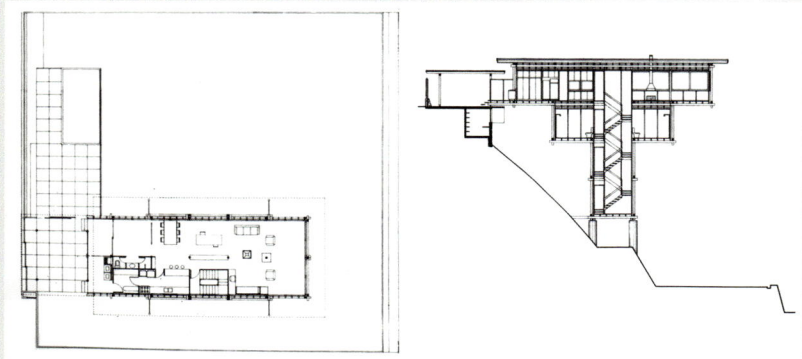

图 2-1 平面图和剖面图（引自：Latin American Houses; E. Browne/A. Petrina/H. Segawa/A.Toca/S.Trujillo; GG/México; 1994, p30)

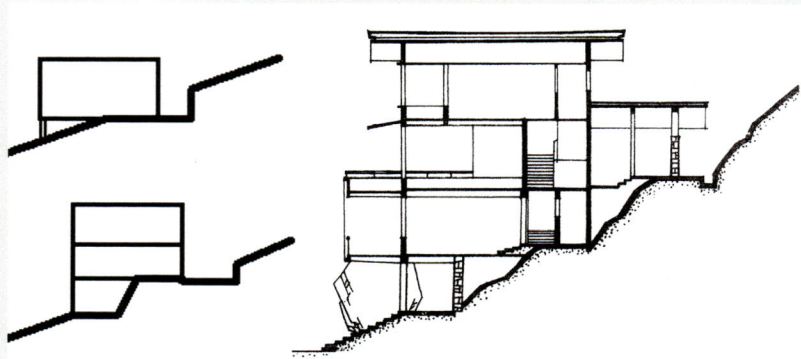

图 2-2 芦笛岩接待室剖面（引自：刘管平、杜汝俭，园林建筑设计，中国建筑工业出版社，1999，p381~p382)

(3)类型分析

通过以下例释，列举几种典型的园林建筑设计处理方式，尽可能较全面地反映建筑与山地之间的结合关系。

① 保持原始地形的方式

The Private house in Jardin Vitória-Régia (Marcos Acayaba, architect)

住宅建在陡峭而且表面非常不平坦的自然山地上，设计方案尽可能地减少与复杂地面的接触，只将4个支撑点落在陡坡上，其他部分呈倒三角形，向上空展开，提供了可向三面观看的开阔视野。主要材料为截面方形的木材，依靠钢质构件加强节点和整体的稳定性。入口设在靠山体一侧。

整栋建筑以一种果断、简洁的处理态度展开了与自然的对话，其形象给人以极其挺拔、伟岸的艺术感受。

② 阶梯式坡面处理方式

桂林芦笛岩接待室

在尽可能不破坏山体自然表面的情况下，将山体坡面依照建筑层高局部改动，建成多层平台，并将接待室各层基础部分设在平台上，还将原有的坚固岩石引入建筑的支撑体系，在建筑内部保留局部的山石。这种方式既节省了建设投入，又保持了基地原貌，再加之建筑造型采用了桂林地区的传统民居形式，突出了园林建筑的地域特征。

画中游

"画中游"建筑组群位于皇家园林颐和园万寿山南坡的西侧，所在基址山地表面的坡度角约为20°～25°。在开辟的不同标高的台地上，各单体建筑依山而建，且相互之间少有遮挡。主体建筑"画中游"

楼阁高高地挺立在山前，为两层的重檐八角形，它所立基于其上的陡坡前后高差4m，底层的柱子立于高低不同的山石上，因而柱子用材长短不一。阁两侧的爬山廊随山势而升起，分别连接东侧"爱山"和西侧"借秋"两楼。"画中游"阁后的假山也是依托在天然裸露的岩石上堆叠而成的，它与阁、游廊和楼共同构成上下左右穿插贯通的立体交

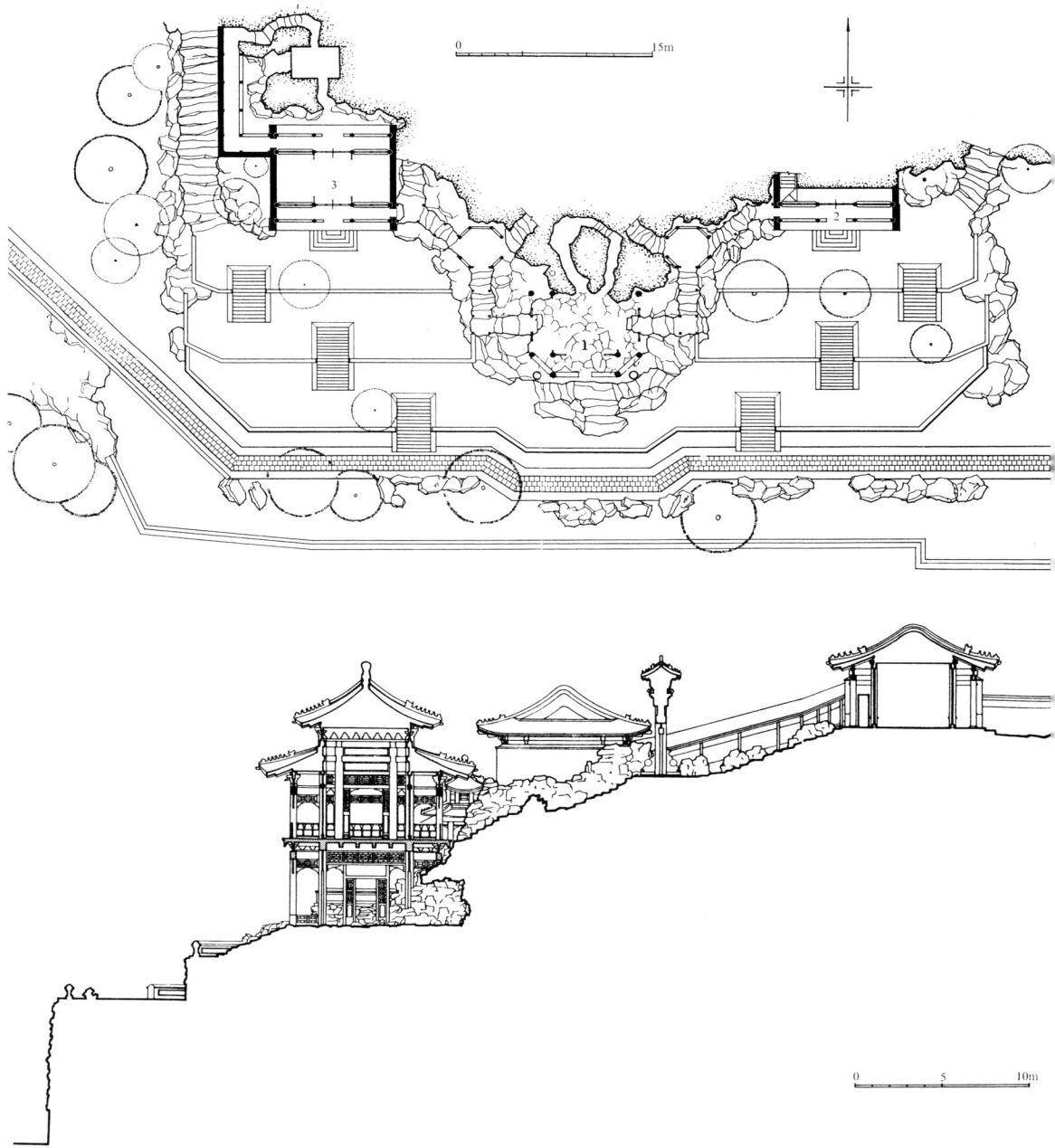

图2-3 平面图和剖面图（引自：清华大学建筑学院，颐和园，中国建筑工业出版社，1999，p381~p382）

通，使得山地建筑别有情趣。无论在建筑群的哪一点，都能够欣赏昆明湖的美景。

Private house in Dois Irmãos (Acácio Gil Borsói and Janete Ferreira da Costa, architects   Roberto Burle Marx, landscape architect)

建筑靠山体一侧利用挡土墙作为建筑外墙，并依照山体坡度逐层推进，建筑内部采用竖向楼梯满足交通功能。为丰富室内空间的变化，还进行了错层式处理。顶层屋面上设置可供活动的观景平台，室内开敞空间的落地大玻璃窗将周围的景色收入人的视线。钢质杆件、玻璃窗和现浇混凝土工艺的结合使得建设过程适应了坡地的建设环境。

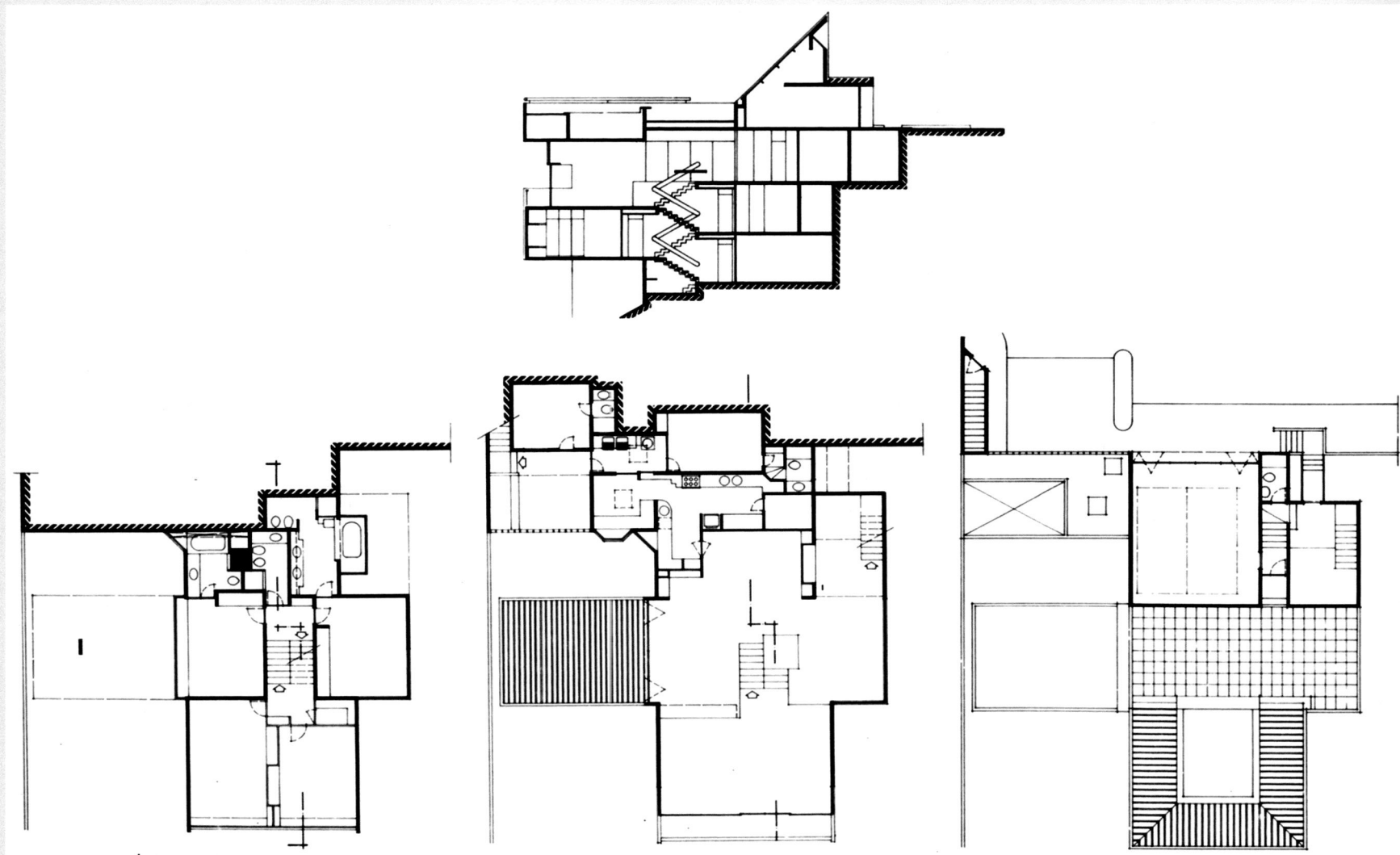

图2-4 剖面图和各层平面图（引自：Latin American Houses; E. Browne/A. Petrina/H. Segawa/A. Toca/S. Trujillo; GG/México; 1994, p40）

Yazbek house（Jaime Ortiz Monasterio, architect）

　　尽管这栋建筑也是结合建筑分层对原始山地作了阶梯式坡面处理，但是它的处理方式更加彻底地人工化：首先，大片的坡面被改建为巨大的六角形柱体挡土墙，并且用作上层圆形游泳池的主要承重结构设施；其次，为了支撑与游泳池水平连接的平台，还辅助设置了两个内部中空的柱体结构，由它们放射状的柱头结构所支撑的木质屋面也是上层建筑的活动平台，而柱体的内部则被用来安排垂直交通设施；再者，通过两道主要的挡土墙，建筑的服务空间和大部分使用空间被分隔开，这两道墙是用当地粗犷的石材垒成的。

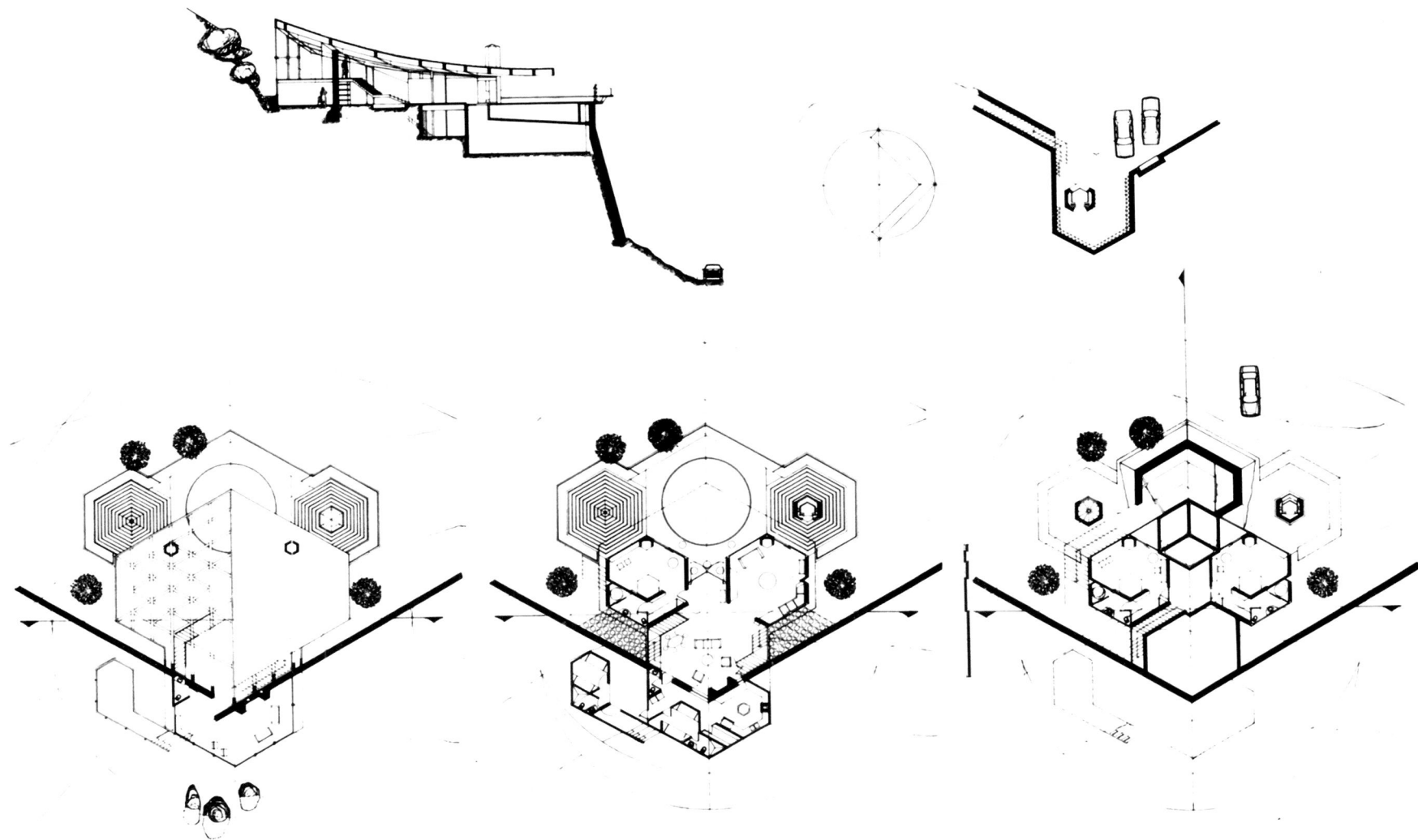

图2-5　各层平面图和剖面图（含六角形柱体剖面，引自：Latin American Houses; E. Browne/A. Petrina/H. Segawa/A. Toca/S. Trujillo; GG/México; 1994, p106）

③ 缓坡式坡面处理方式

Red house（安东，中国，建筑师）

利用简单的几何形体，自然且简单地使用材料（混凝土、水泥红砖、木、竹子和玻璃），此幢建筑将自然的坡地用矩形围墙圈入建筑庭院中，并与建筑的其他部分相互融合，使之成为建筑独享的自然庭园景观，而对于原始的山地形态却少有改变。不仅如此，在完全进入建筑之前，一座悬臂屋架在人们头顶上，人们首先要穿过悬臂屋下面的通道（通道的坡度顺应地形而建），然后由侧门进入建筑，再回转身来，才能到达主要的建筑空间而感受到豁然开朗的景象。以上这两种手法在中国传统园林营建当中被称作"借景"和"欲扬先抑"，在这里被建筑师应用于现代建筑之中，确是恰到好处，使建筑成为长城公社中最受公众喜爱的作品之一。

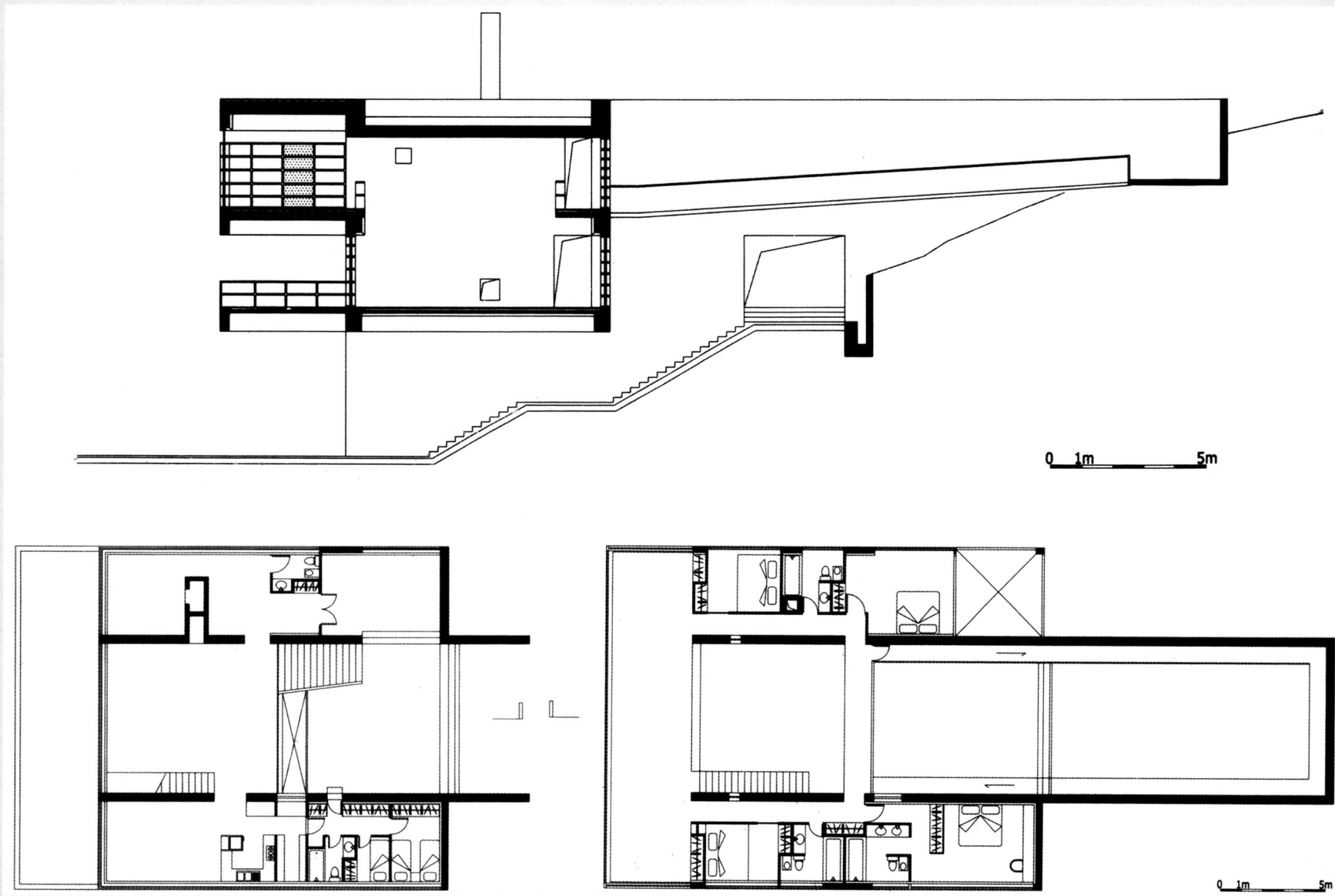

图2-6 剖面图和平面图（引自：长城脚下的公社，天津社会科学院出版社，2002）

Private house in calle Licanray（Luis Izquierdo, Antonia Lehmann, architects）

　　整个建筑位于山的一侧，占地1000m²，是南侧和北侧山地环境当中的一座地标。它前面的缓坡则被设计成入口前漫长的台阶甬道，这个甬道相对狭长，人们进入其中完全不能了解内部建筑的任何情况。不仅如此，甬道的上空和两侧大部分被屋顶花园和不同水平标高的平台覆盖，使得甬道内的空间更加神秘，建筑的前庭空间也因为屋顶和平台上的绿色植物而与周围的自然山体相互融合，显得不是实际上占地那么大。不同水平标高的地面划分为卧室空间与起居室、餐厅、厨房等服务性空间的分隔提供了天然的条件。

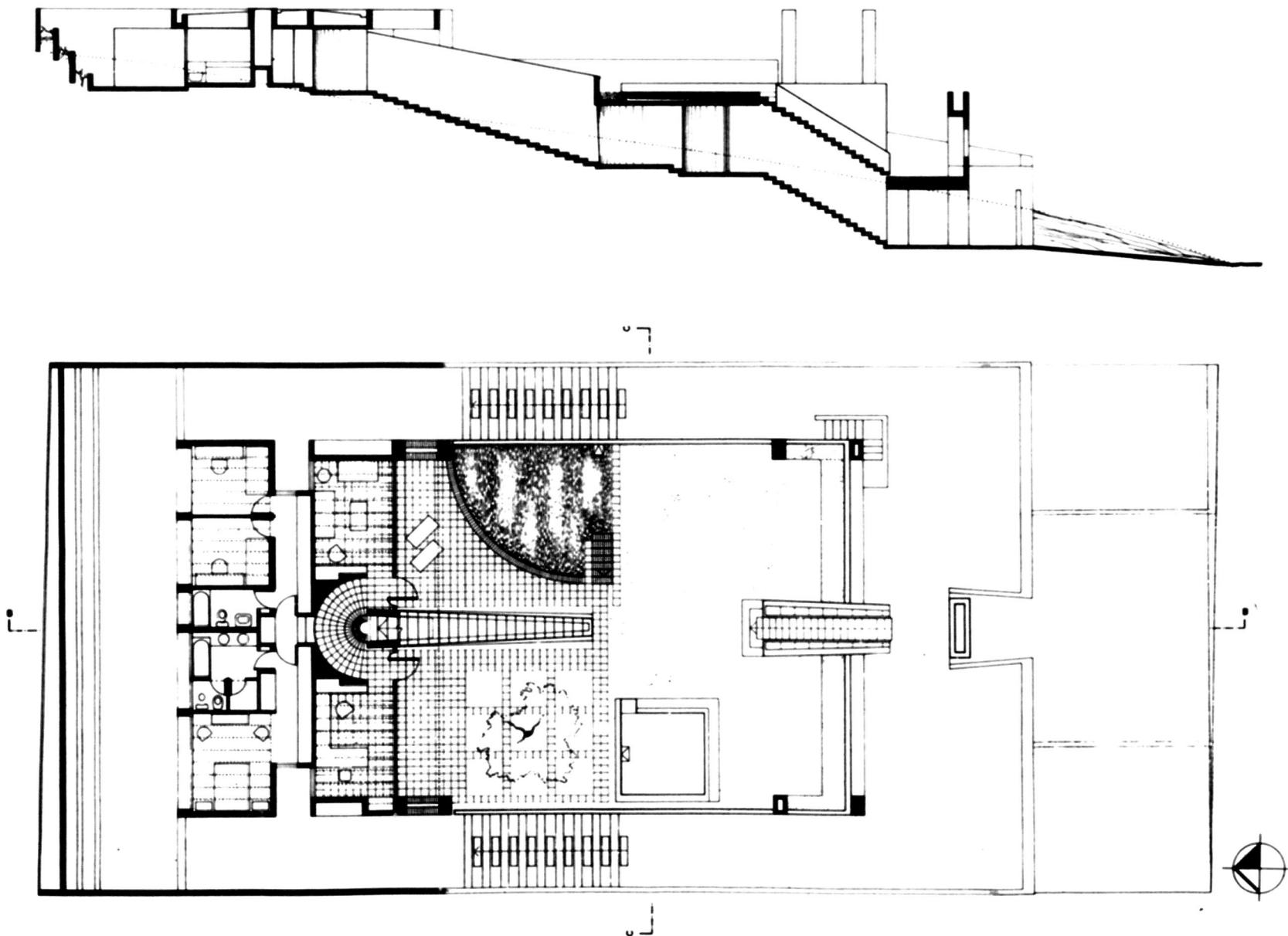

图2-7　剖面图和平面图（引自：Latin American Houses; E. Browne/A. Petrina/H. Segawa/A. Toca/S. Trujillo; GG/México; 1994, p64）

濠濮间

北海濠濮间为顺应高低起伏的土山地势，利用曲尺形的爬山廊连接建于山体表面不同高程上的三幢建筑，爬山廊的走势随山势而起伏逶迤。四幢建筑均为一层，但分别为不同的朝向，其中三幢为硬山卷棚式屋面，分别位于山脚、山顶和山腰处，主体建筑濠濮间虽然也坐落于山麓，却是卷棚歇山式屋顶，面阔三间带周围廊，体量较大，其北侧为一湖面，建筑临水而立，跨湖有曲桥、石牌坊相连，别具一番风雅。建筑组群与树木山石相结合，整体轮廓格外丰富。

图2-8 平面图和东立面图（引自：彭一刚，中国古典园林分析，中国建筑工业出版社，1986，图49）

26—27

④ **高驾于地形之上的处理方式**

House in Southern Highlands （Harry Seidler & Associates）

这座建筑建在山顶上的一块巨大岩石平台上，参照岩石面的高度，建筑设计成两层。

屋面使用弧形钢结构框架建成，如鸟的双翼般伸展，向外悬挑的结构框架使一侧鸟翼之下的开敞起居空间分外突出，另一侧鸟翼之下的卧室空间地面高于起居室，四壁围合，相对更加私密。

平面上连续的毛石墙随着岩石地面高低起伏，蜿蜒伸展，成为分隔车库、游泳池和房子之间的屏障。室内由毛石砌筑的壁炉同样起到了分隔空间的作用。

因为周围是远离城市的荒山秃岭，所以在建筑下面建有一个大型储水罐，用来收集雨水，还有一处废水处理设施，将经过处理的水用于灌溉。

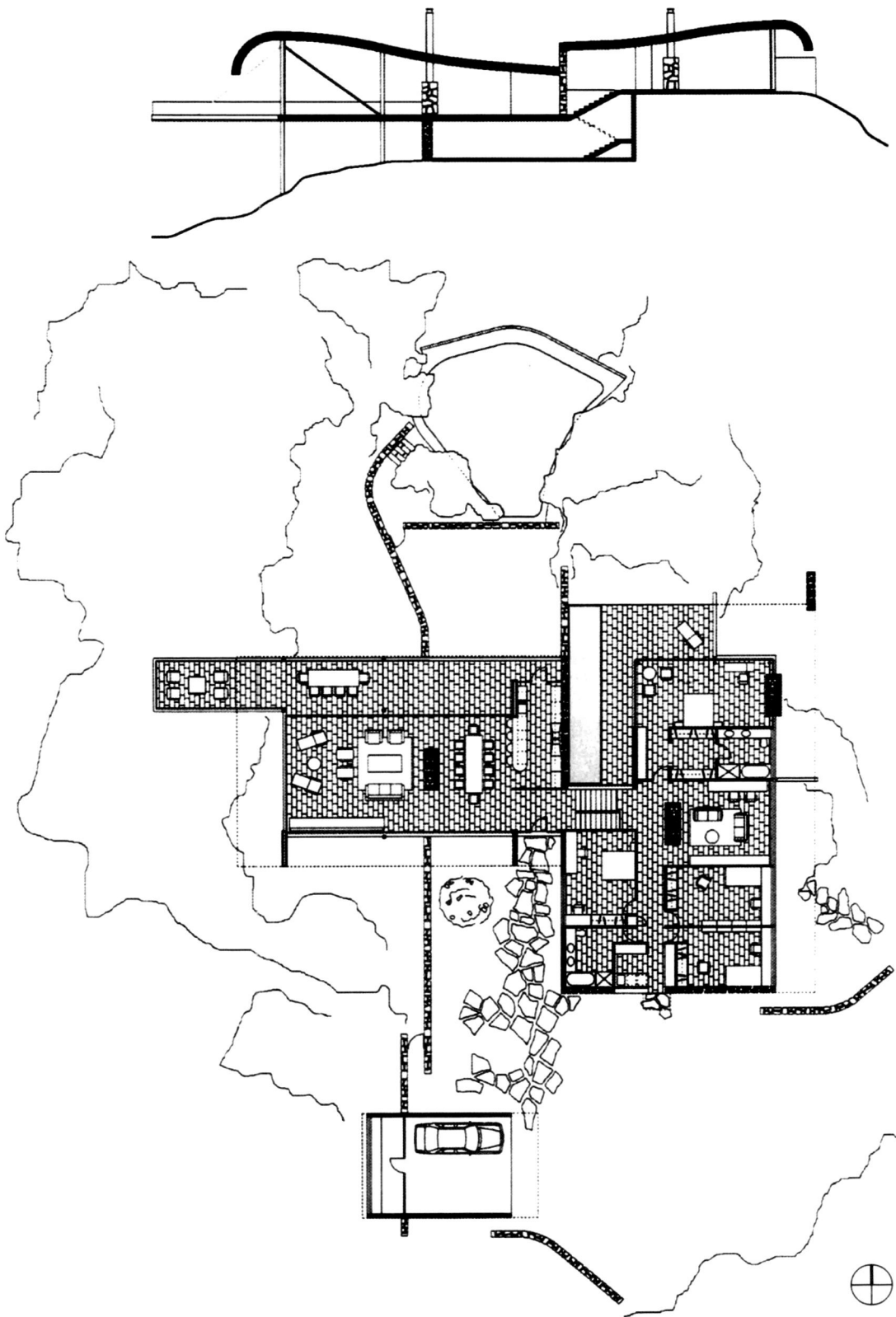

图2-9　剖面图和平面图（引自：CA-contemporary architecture; The Images Publishing Group Pty Ltd; ACN; 2003, p197）

竹屋（隈研吾，日本，建筑师）

竹屋是一座"架"在半山腰上的建筑，完全依靠框架结构支撑。它的基地有凸起的山脊，也有凹陷的山坳地，在几近完全保持坡地原始形态的情况下，将建筑凌驾其上，要求要有精准的地质勘查和坚实精确的支撑结构作为必需的建设工作，才能减少日后的灾患。设计师从长城那绵延不断、波浪起伏的山脊特质获得灵感，将人们在其中进行居住活动的墙体作为象征，建在起伏的地形上，并使用东方文化中特有的竹材料作为表现主体，视竹子的密度与直径的不同来建成各种不同的分隔空间，犹如"长城"墙的化身，连结和区分多样的文化。因而，这座建筑也被称作"墙"而非"房屋"。

位于竹屋核心部位的"茶室"有十多平方米，悬于水上，极具禅意。

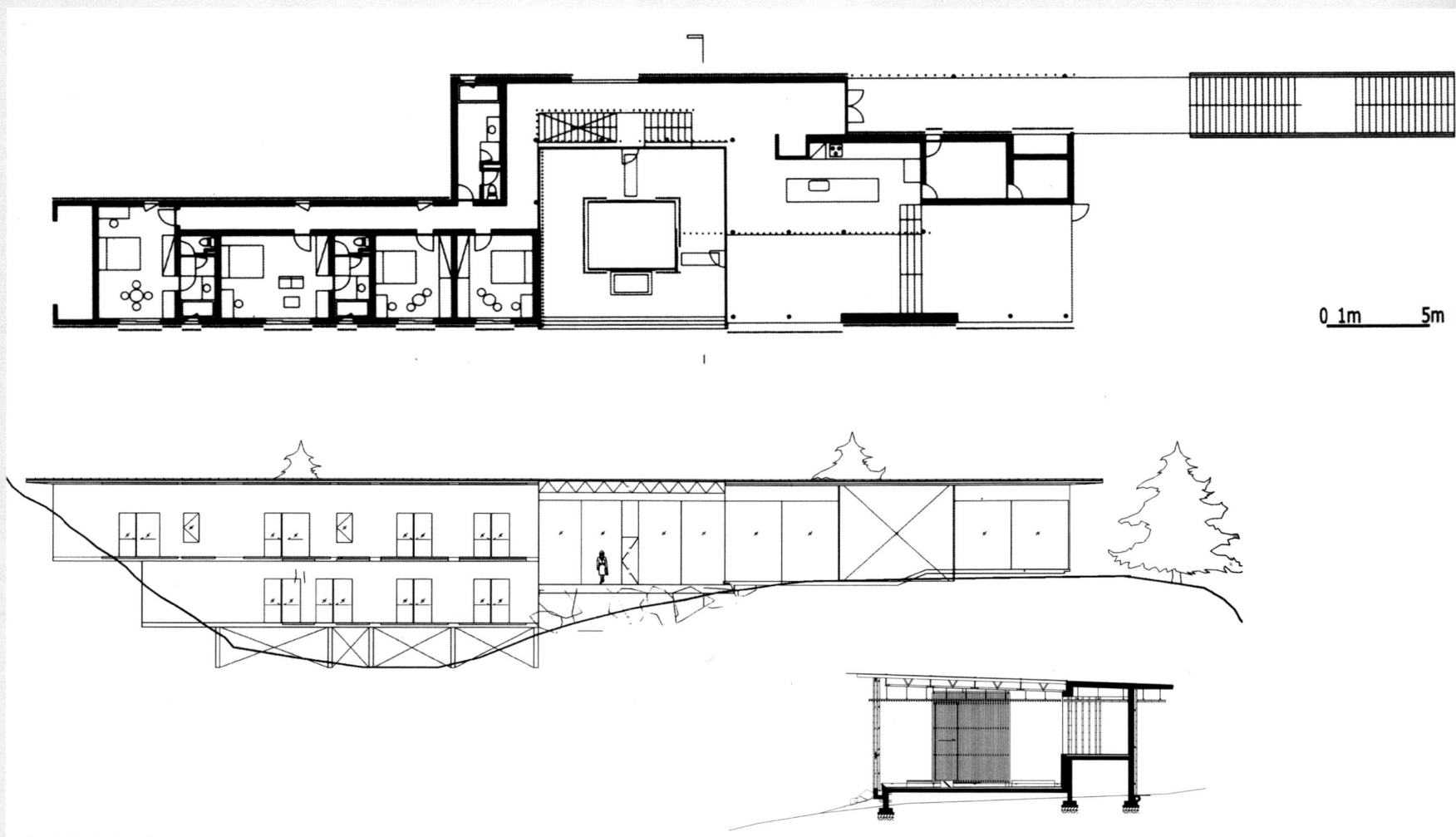

0 1m   5m

图2-10 剖面图和平面图（引自：长城脚下的公社；天津社会科学院出版社；1986）

陕西省米脂县姜耀祖窑洞庄园

　　庄园修建于陡峭的崆顶上，顺应地势将坡地挖建成三层平台，利用围和的山体建成三套窑洞庭院，庭院之间以陡峭的蹬道、月洞门、垂花门连接，空间明暗、收放变化自如，加之以窑洞建筑形式和传统城堡的造型，实显古朴苍劲的中国西北地区民居建筑的意境。

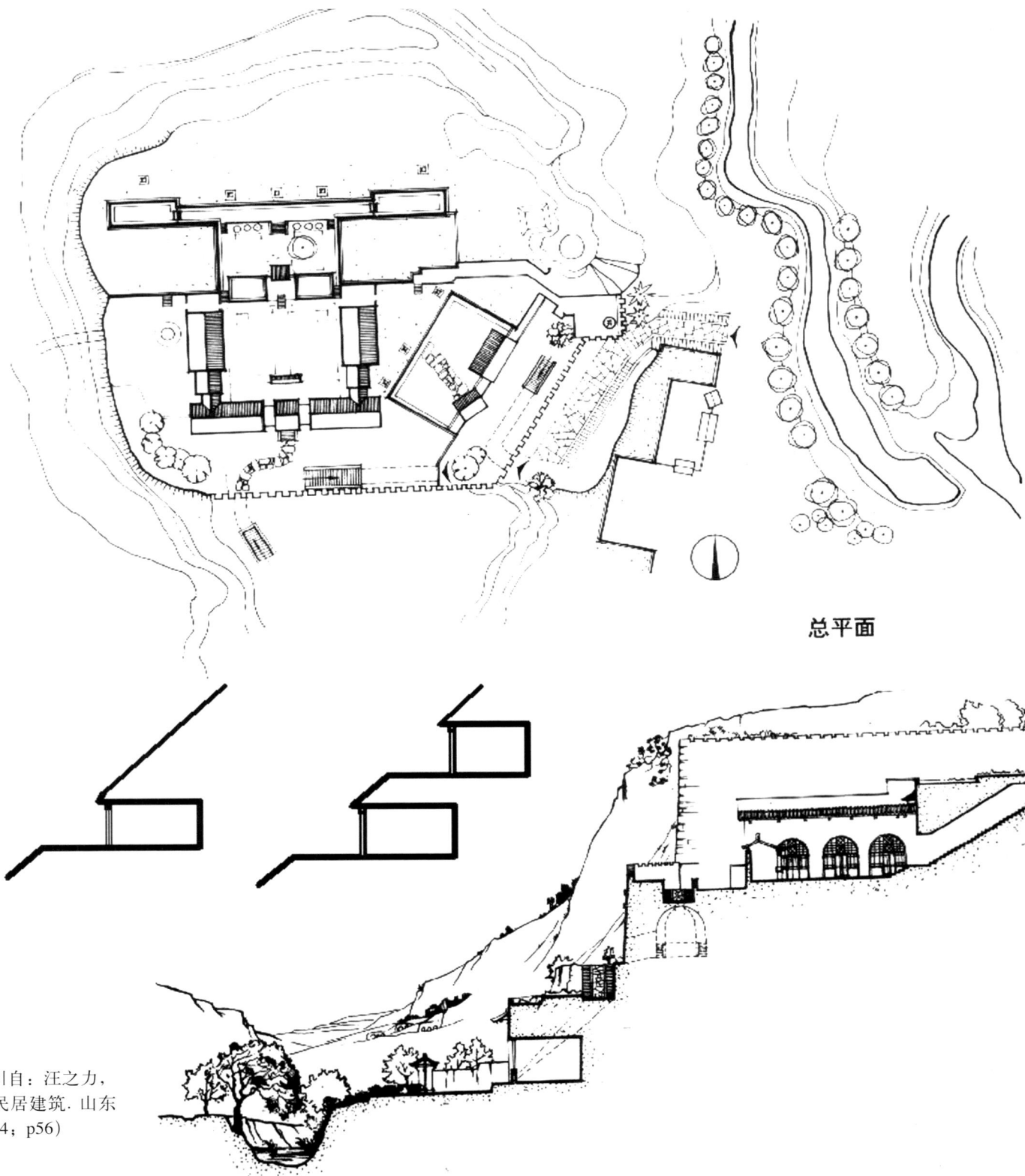

总平面

图2-11　总平面图和剖面图（引自：汪之力，
　　　　张祖刚编. 中国传统民居建筑. 山东
　　　　科学技术出版社；1994；p56）

（3）实例

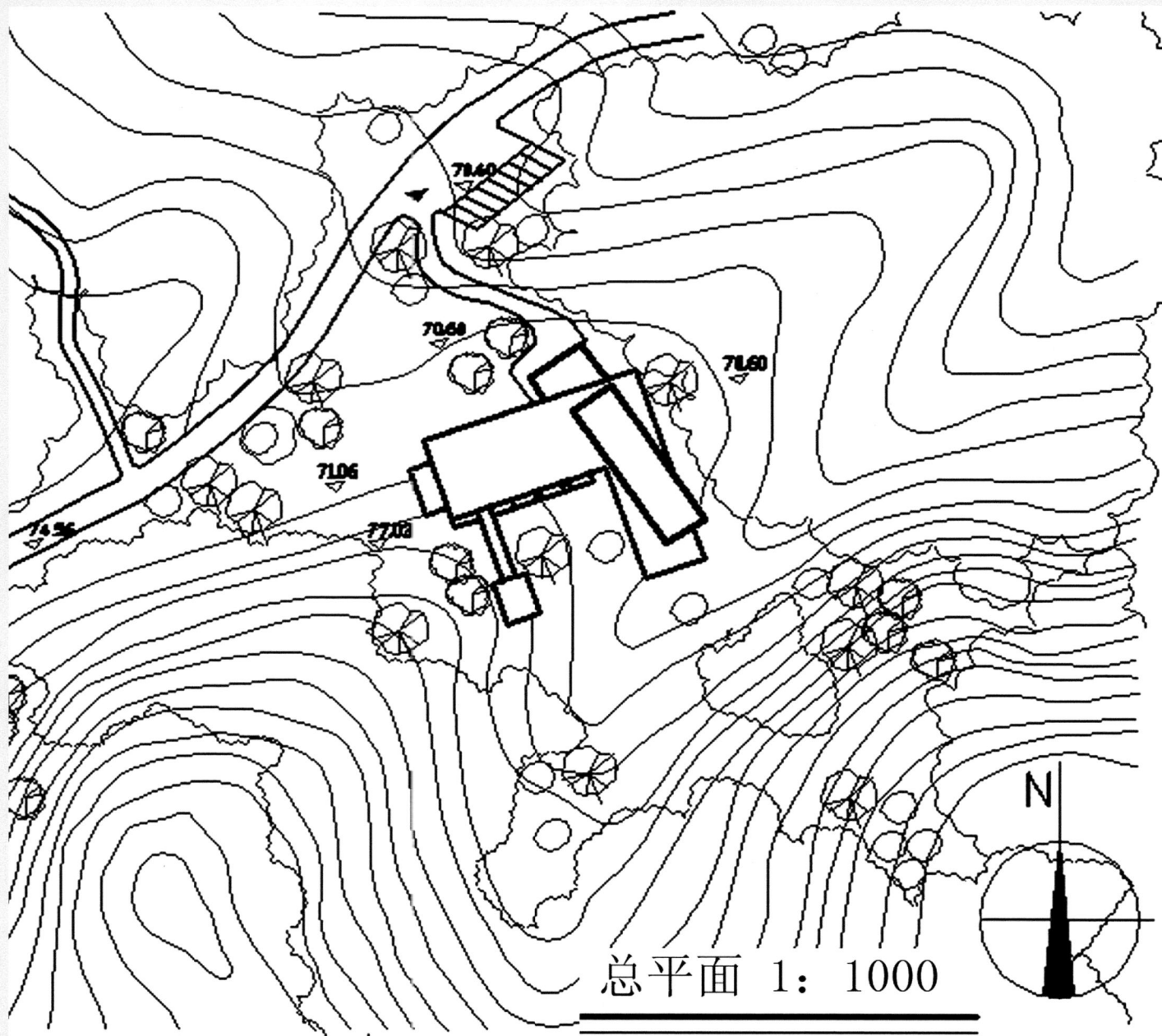

实例1 总平面图（改绘自：孙科峰等编. 建筑设计快题表现. 中国建筑工业出版社. P85）
评价：总平面表达清楚，道路、建筑、地形表达明确；
　　　等高线表示出地形高低起伏变化的特点；
　　　将建筑放在等高线较稀疏的地段（即相对平坦地段），为建筑留出环境设计空间；
　　　交通关系清楚，在公路与建筑的交接处设置了小型停车场，解决了停车问题；
　　　通过支路引导向建筑，层次关系明确合理；
　　　注意标出重要地面的标高，反映出对山地地形的利用结果。

passage in the mounTain 山中的走廊

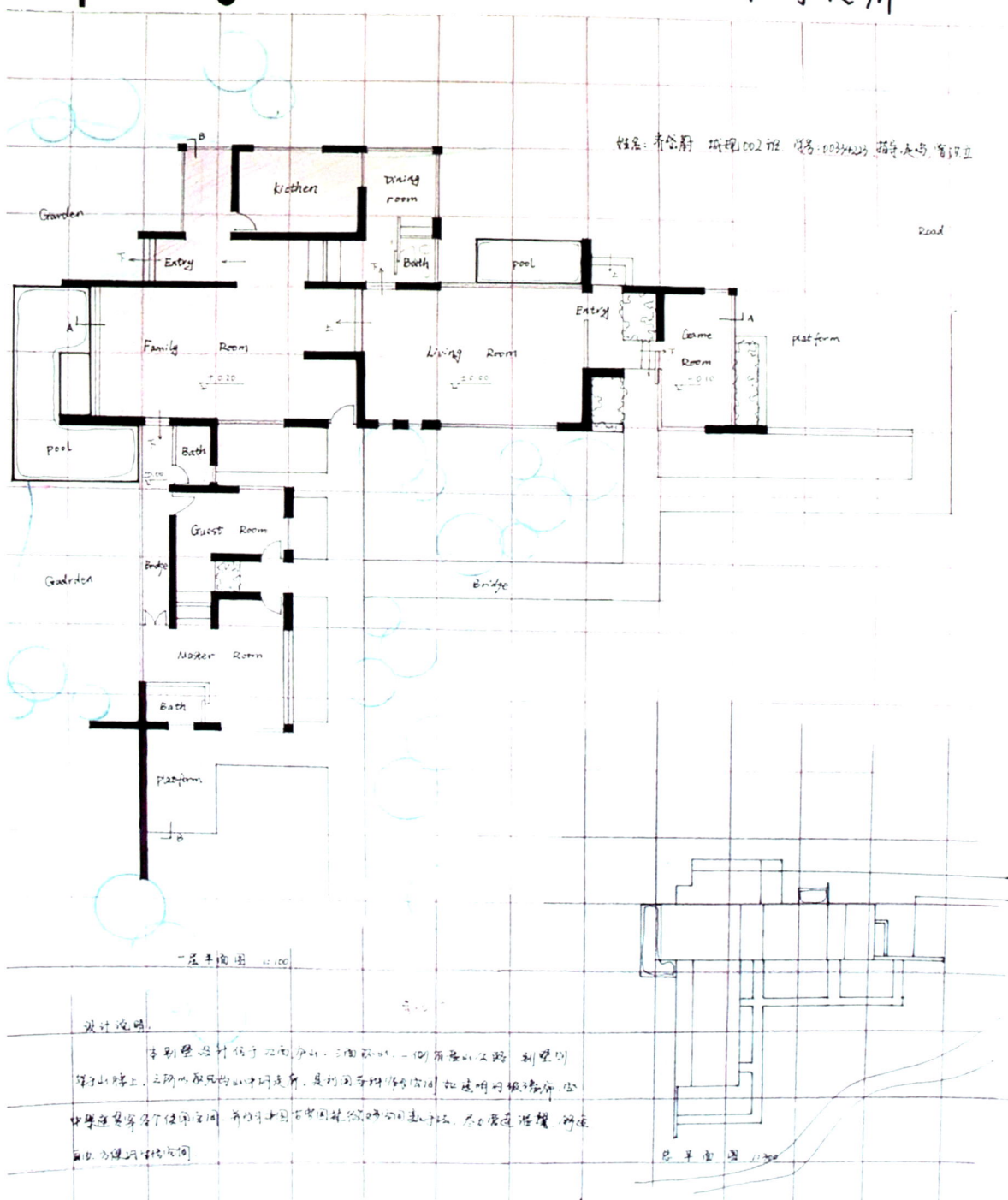

一层平面图 1:100

设计说明。

实例 2 北京林业大学风景园林 00-2 班　齐岱蔚　别墅课程设计 -1　A1 图纸

优点：设计构思简洁，较好地解决了住所与山地环境的关系，并将中国园林当中处理空间的欲扬先抑、步移景异、院落围合、层层递进的手法灵活地应用于设计中；入口道路顺等高线置于一侧，使其平缓而不干扰其他使用空间。

缺点：作为课程设计，室内外环境的表达不够深入，但其简单的风格可以作为快速设计的借鉴；总平面图上没有指北针，道路、等高线的表示不够完整；作为参照的方格网在图面中太明显。

设计说明：
本别墅设计位于江西庐山。三面环山，一侧有盘山公路，别墅则建于山腰上。是利用各种窄长空间如透明的玻璃廊、空中架道贯穿各个使用空间。并学习中国古典园林微妙空间变化方法，尽力营造温馨、舒适、自由、方便的生活空间。

passage in the mountain 山中的走廊

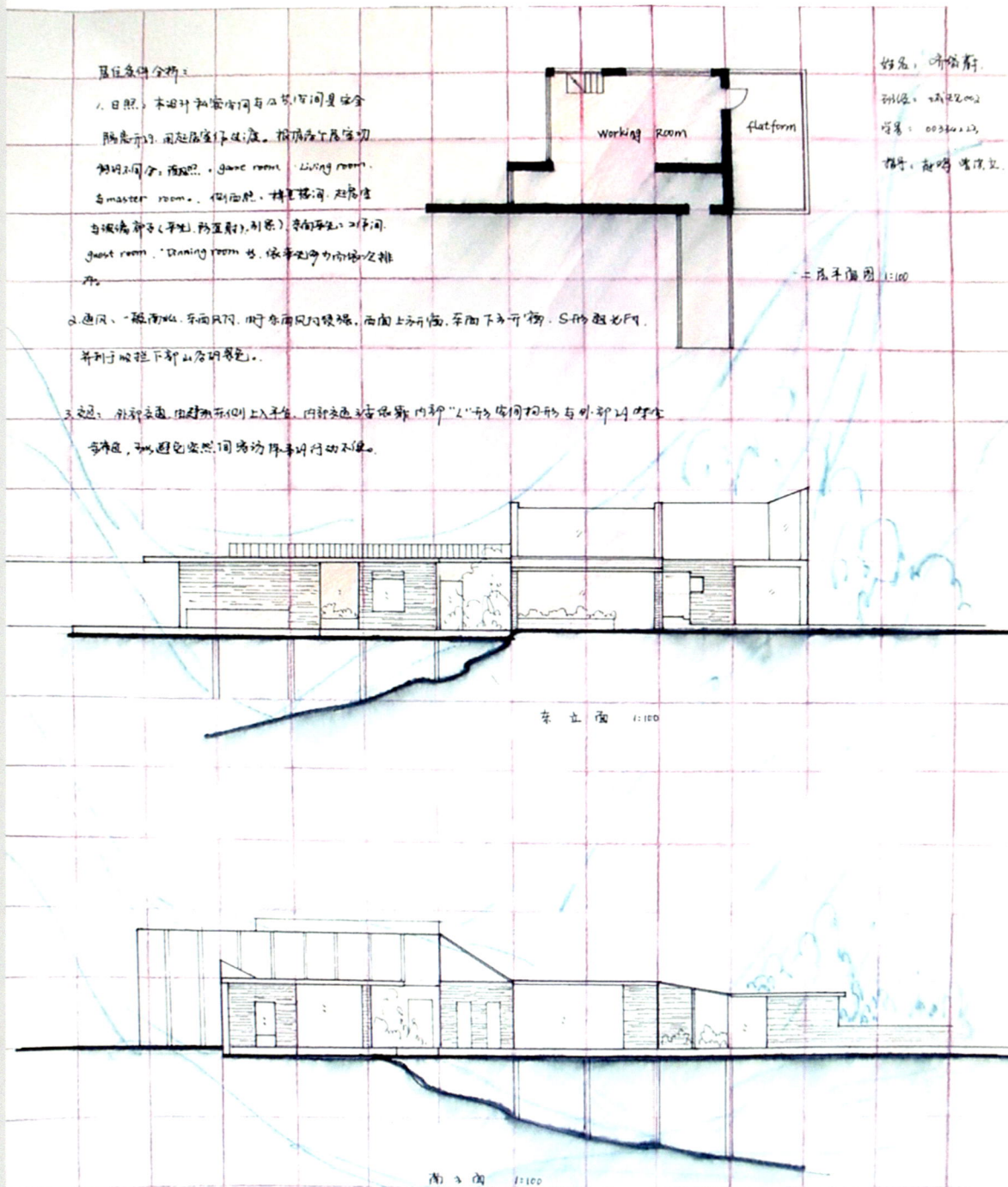

平面图、立面图（working Room、platform、东立面 1:100、南立面 1:100）

实例 2　北京林业大学风景园林 00-2 班　齐岱蔚　别墅课程设计 -2　A1 图纸

优点：将需要安静的工作室单独设在二层，位置恰当。

缺点：二层平面与一层平面的衔接未标注；楼梯的位置和表示方法均有严重的错误；设计的结构不足以支撑悬挑的幅度；说明文与用词有欠准确。

居住条件分析：

1．日照：本设计私密空间与公共空间是完全隔离开的，用起居室作过渡。根据各个居室功能的不同分：南日照：game room，living room 与 master room。侧面照：桥至楼间、起居室与玻璃廊子（平光，防直射，引景）东向采光：工作间、guest room、dinning room 等，依采光多少而依次排序。

2．通风：一般南北、东西风向。由于东西风向较强，西面上方开窗，东面下方开窗，S 形通光向，并利于收揽下部山谷的景色。

3．交通：外部交通由建筑东侧上入平台。内部交通主要依靠内部"L"形空间构形与外部的架空步道，可以避免突然间客访带来的行动不变。

passage in the mountain 山中的走廊

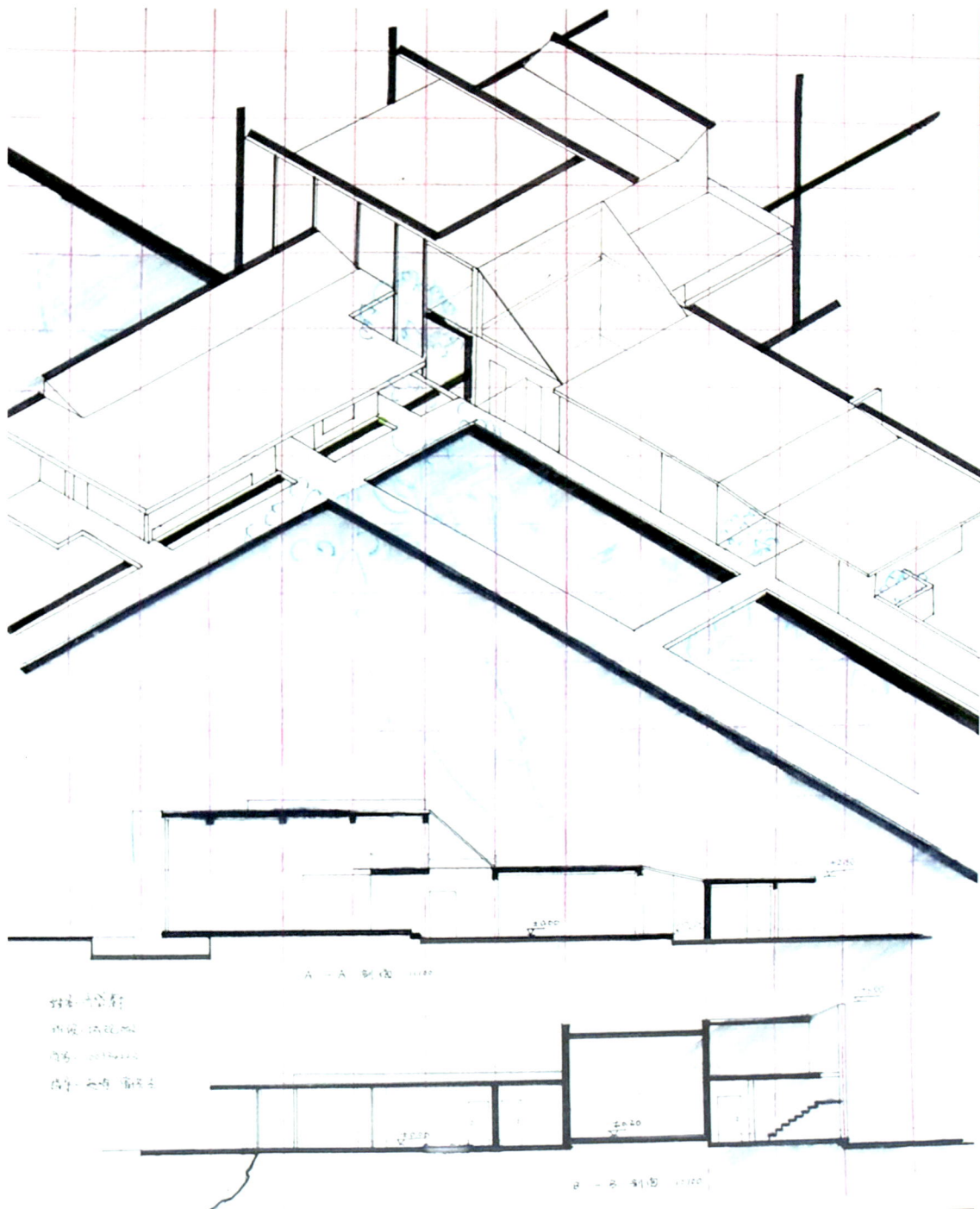

实例 2　北京林业大学风景园林 00-2 班　齐岱蔚
　　　　别墅课程设计 -3　A1 图纸

评价：在山地建筑设计图中，剖面图首先应反映出建筑结合地形设计之处，表现出建筑与地形的呼应关系。

其次，在剖面图中应表达出建筑内部及周边环境的地形高差变化，体现山地特色。剖面图要正确表达建筑结构梁架、屋顶及地面关系等。

再者，剖透视图的画法可以表现出建筑内外两部分的效果，同时也应当符合剖面和透视两类图纸的制作规范；透视图中加粗的线条表意不明。

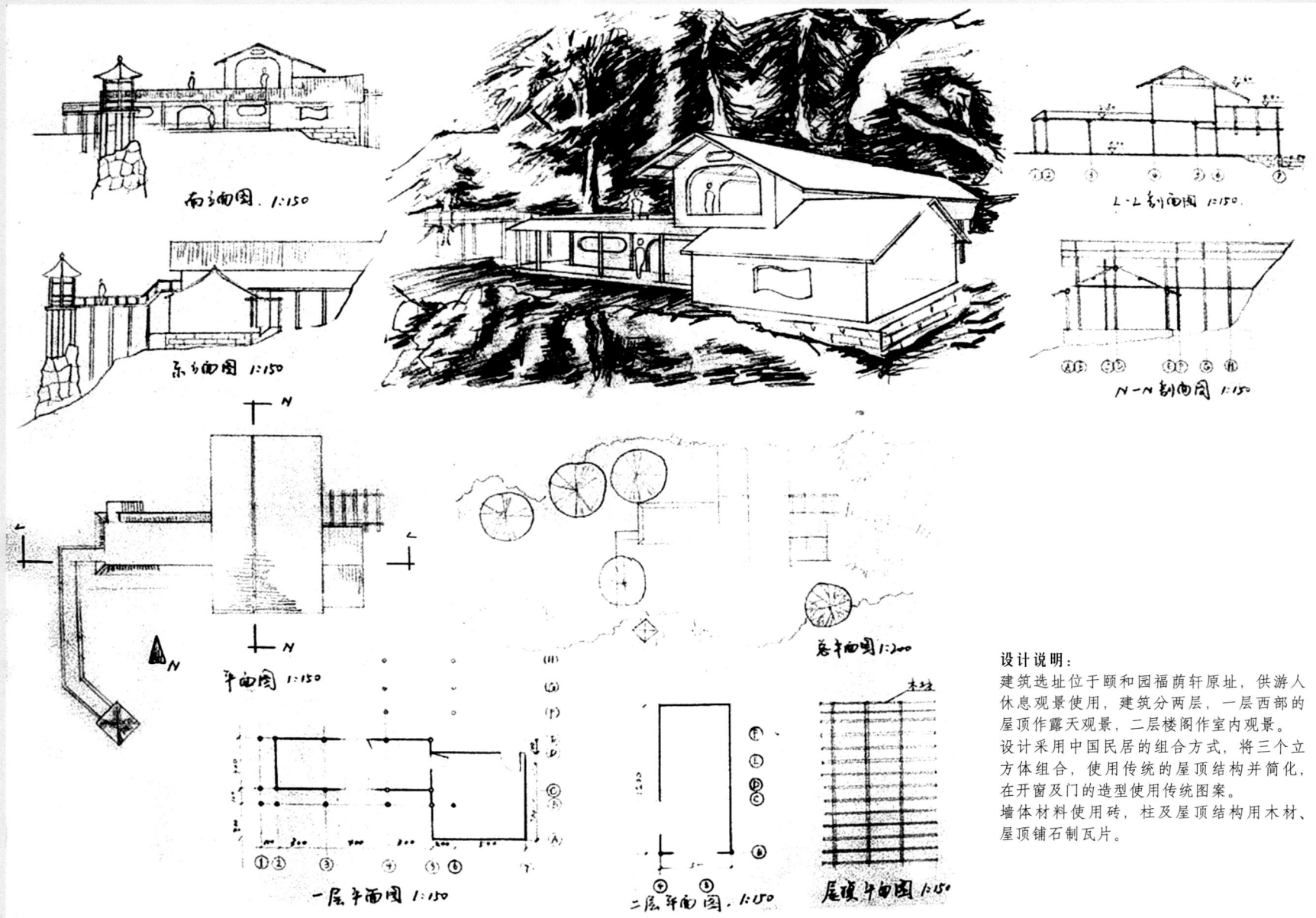

南立面图 1:150

东立面图 1:150

L-L剖面图 1:150

N-N剖面图 1:150

平面图 1:150

总平面图 1:200

一层平面图 1:150

二层平面图 1:150

屋顶平面图 1:150

设计说明：
建筑选址位于颐和园福荫轩原址，供游人休息观景使用，建筑分两层，一层西部的屋顶作露天观景，二层楼阁作室内观景。
设计采用中国民居的组合方式，将三个立方体组合，使用传统的屋顶结构并简化，在开窗及门的造型使用传统图案。
墙体材料使用砖，柱及屋顶结构用木材、屋顶铺石制瓦片。

实例3 北京林业大学城规01-3班　廖自涵　观景建筑设计-1　3小时　A1图纸

优点：建筑造型较丰富，设计构思较全面；
　　　从N-N剖面来看，二层建筑连通北侧高处地平，从南侧看是两层建筑，从北侧看是一层，通过与地形的结合创造独特的效果；
　　　观景亭建于石台之上，与主体建筑形成呼应关系。
缺点：观景亭的基础石台在实施可行性上有待考证，其表达方式不佳；
　　　建筑形体二层与一层的交错关系稍显生硬，一二层没有垂直交通的联系，问题严重。

34-35

实例 4 北京林业大学城规 01-3 班　张磊　园林建筑快速设计　3 小时　A1 图纸

评价：历史环境中设计建筑，要考虑周边环境、建筑形式等多种问题，才能与传统建筑呼应，取得较为协调统一的效果。

优点：该设计采用传统建筑形式，与周边环境结合，在建筑和山脚之间密切结合水面设计，整体气氛较好；

　　　建筑形式与传统建筑呼应，反映了尊重历史的设计观念；

　　　根据地形走势，将廊子分设在两个不同标高的平台上，与周围山石较好的结合；

　　　绘制了道路设计图，较为清晰地表明了建筑与周边地形的关系；表现大胆，明暗突出，效果强烈。

缺点：平面图较小；缺少图名、比例；缺少必要的标注，如标高等。

实例5　（引自：孙科峰等编. 建筑设计快题表现. 中国建筑工业出版社. P39）

　　有机建筑把建筑看成是从环境当中自然生长出来的。在设计时，运用山石材料垒砌而成的毛石墙面和衬托出雄伟山体的建筑形体，求得建筑与环境在形式上的浑然一体；运用宽大的出檐、大面积的玻璃斜窗，以及从建筑中直接引出的栈道，使人在建筑中就能够感受周边群山的气势，实现建筑与环境在神情上的交融；

　　从表现来看，上图近景运用人物、道路、植物而构成；利用透视关系将视线与构图引入中景的建筑，进行重点刻画，将材质表达到位；远景由山体构成，用寥寥几笔勾勒出山的轮廓与起伏变化，再快速涂抹出明暗面，使山体的气势立刻跃然纸上。下图近景由乔、灌木组成，与建筑的明暗形成对比与呼应；前景的落叶树木处理成线描的白色调，常绿树木处理成块状的暗色调；中景的建筑通过鲜明的黑白对比，形成画面中最亮的部分，突出其作为主体的效果，形成视觉中心；远景的山体处理手段同上图。

实例 6 北京林业大学城规 01-3 班　冯潇慧　观景建筑设计 -1　3 小时　A3 图纸

优点：该设计借鉴山体地形，用一组亭廊组合勾勒出山的轮廓与起伏变化，充分利用了廊间变化的灵活性，创造出不断转变方向的视觉效果；同时，亭的造型也依照传统形式有所改变创新。

缺点：对古建的结构与构造原理还须进一步准确掌握；总平面图中屋顶平面图和柱网平面图混杂在一起，没有明确的标识区分；

　　　平面图表达不清晰，没有标注相对高程；南立面图表现不均衡，左侧廊子需补充，右侧廊架没有表现完全；

　　　详图所指不清，没有索引符号；剖面图中的地面线应加粗。

实例 6 北京林业大学城规 01-3 班　冯潇慧　观景建筑设计 -2　A3 图纸

优点：初次快题设计，整体效果框架较清晰，能够有这样的奔放表现，是基于平时的练习和平和的心态。

缺点：画面层次不够丰富，透视准确性还比较差；

　　　配景树木的画法表达过于僵硬，山体的表现效果不佳，二者都可以简化，以烘托主体建筑。

2. 滨水环境

（1）基本特征

滨水环境自古以来就被当作人类生活的主要区域，无论是历史上的先民，还是现代的百姓，都喜欢择水而居，临水而作。滨水环境是人们居住、游憩、交通等活动的重要场所。因此，滨水建筑的环境也要为人们的各种行为提供相应的设计。

水与凝重敦厚的山相比显得轻柔婉转，妩媚动人，别有情调，能使园林产生很多生动活泼的景观。观鱼垂钓，赏荷观景，都是令人神清气爽的活动。因此，更多的人钟情于水，想与水亲近，滨水建筑在一定程度上满足了人们的需求。当然，有山有水的环境更是令人欣喜，水体与山体形成了对比，构成了相互呼应的风景线。

实例7 北京林业大学风景园林00-2班 齐岱蔚 茶室设计 3小时 A1图纸

优点：充分利用溪流、水岸和陆地围合成具有不同特征元素的空间院落——水院和绿院，以及架空于水面上的平台，实现建筑与环境的融合；通过高低错落的屋顶和梁架变化弥补平屋顶存在的单调感；简单的色彩搭配和铅笔色调的运用使画面清晰而生动；随手勾画的效果图显示了较为熟练扎实的设计和表现基本功。

缺点：办公室穿行严重，且与储藏室的穿套关系不佳；
总平面图的环境关系（道路、地形、植被等）以及建筑屋顶的不同高度还需深入刻画；
平台上需设安全护栏或警示栏；
剖切符号表达有误；剖面图局部与透视不符；缺少主要景观视点的透视图。

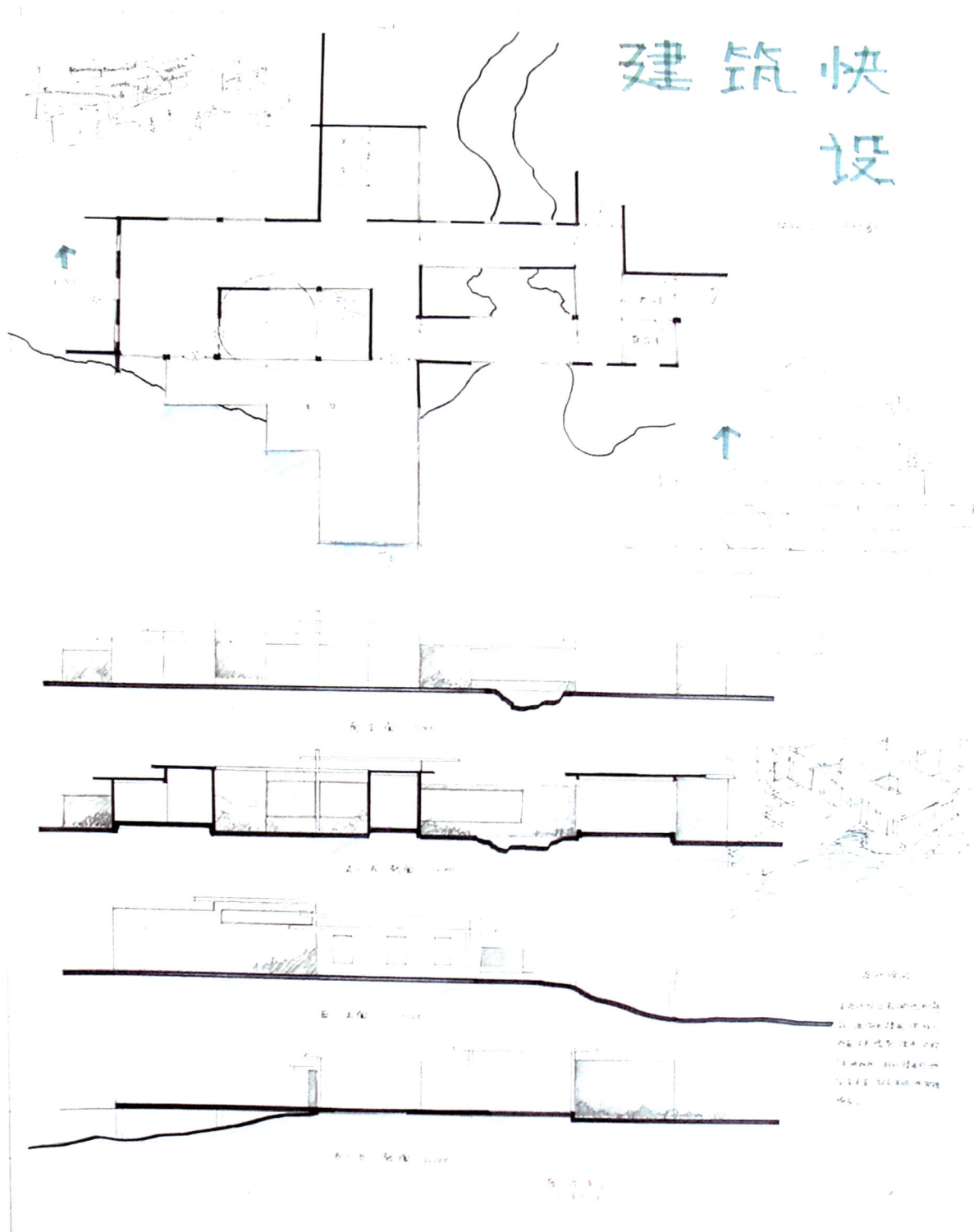

（2）设计要点

在进行滨水环境的建筑设计时应注意以下要点：

体现滨水的特点，建筑与水面要有交融，充分利用水体的优雅环境。

立面、剖面中要体现建筑对于滨水环境的利用，如有平台等深入水面，为人们提供与水亲近的休憩空间。

滨水建筑在近水的一面，应当设计得开敞些，便于满足人们对水的需求。

（3）实例

实例8 水边亭效果图 （引自：黎志涛编著. 快速建筑设计100例. 中国建筑工业出版社. P70）

评价: 该建筑与周围风景园林结合较好，造型体现出风景园林建筑的小巧，尺度宜人；

亭架于水上，与与水面结合密切，屋顶开格栅，将视线引入天空，上下结合，与环境发生充分的联系；

水面表达生动，建筑体量结实，画面优美，能将人带入风景优美的境界；

近景通过水面、石体来表现，石体通过简单的线描，创造亮面与水面的阴影形成黑白对比；

中间建筑通过线条创造阴影面，表现光影关系，同时概括表达材质变化，配以暗色调的植物烘托亮面，使得刻画深入细致；

远景植物通过竖向排线组织出均一效果，突出近景与中景的效果；

构图稍显左重右轻。

总平面 1:500

实例9 玄武快餐.厅（引自：黎志涛编著.快速建筑设计100例.中国建筑工业出版社.P79）

评价：该建筑方案密切结合水面设计，充分利用了周边环境，室外平台架于水上，并与水面贴近，体现亲水性；

通过建筑的组合将院落融于其中，将大树纳入院落布局中，实现"你中有我、我中有你"的园林环境氛围创作；

采用了活泼的坡屋顶形式，适合与风景环境的协调。

色彩协调统一，表现大胆，明暗突出，效果强烈。

3. 历史环境

（1）基本特征

历史环境指周边有历史建筑的地段，或有古迹等需要保留景物的地段，或有古树、保护性树木的地段，或有名胜古迹的地段。常有的历史环境是邻近地段中有文物建筑、名人故居或保护树木等，或者是在一块历史文化保护区的范围内进行新建筑的设计。那么，在这些环境中，一定要注意保护和协调的设计原则。在历史环境中做建筑，首先要保护原有历史建筑、古迹、古树等元素。其次，新建建筑要与原有建筑等相协调、相适应。

（2）设计要点

在历史环境中做建筑设计时应注意以下要点：

应注意按照有关政策、技术原则和人们的情感意愿，保护或利用、改造历史环境中的原有建筑、植被、假山、水体等重要古迹内容，所设计的新建筑要能够与原环境相互协调。

新建筑的形式最好采用与历史建筑相一致的风格，即使是应用新的技术和材料，也要在设计元素中求得与老建筑的一致，借鉴老建筑在空间、人文设计方面的精髓，选用老建筑的样式，如坡屋顶、柱式、开间、装修等，作为新建筑设计的摹本或母题、标志等，使新老建筑之间得以"神似"和"形似"，其中以"神似"为上品。

历史环境与新设计的建筑及其环境之间要相互呼应，不能将历史环境撇在一边，不理不睬，无视其存在，但是又不能因为新建筑的建设而侵占历史古迹的用地，破坏老的建筑体等。游览路径、视线关系、造型、结构、构件等都是在此方面可以应用的设计手段。在下面的快速设计实例中，例举了几种处理二者关系的适宜或不适宜的设计处理方式，仅供参考。

（3）实例

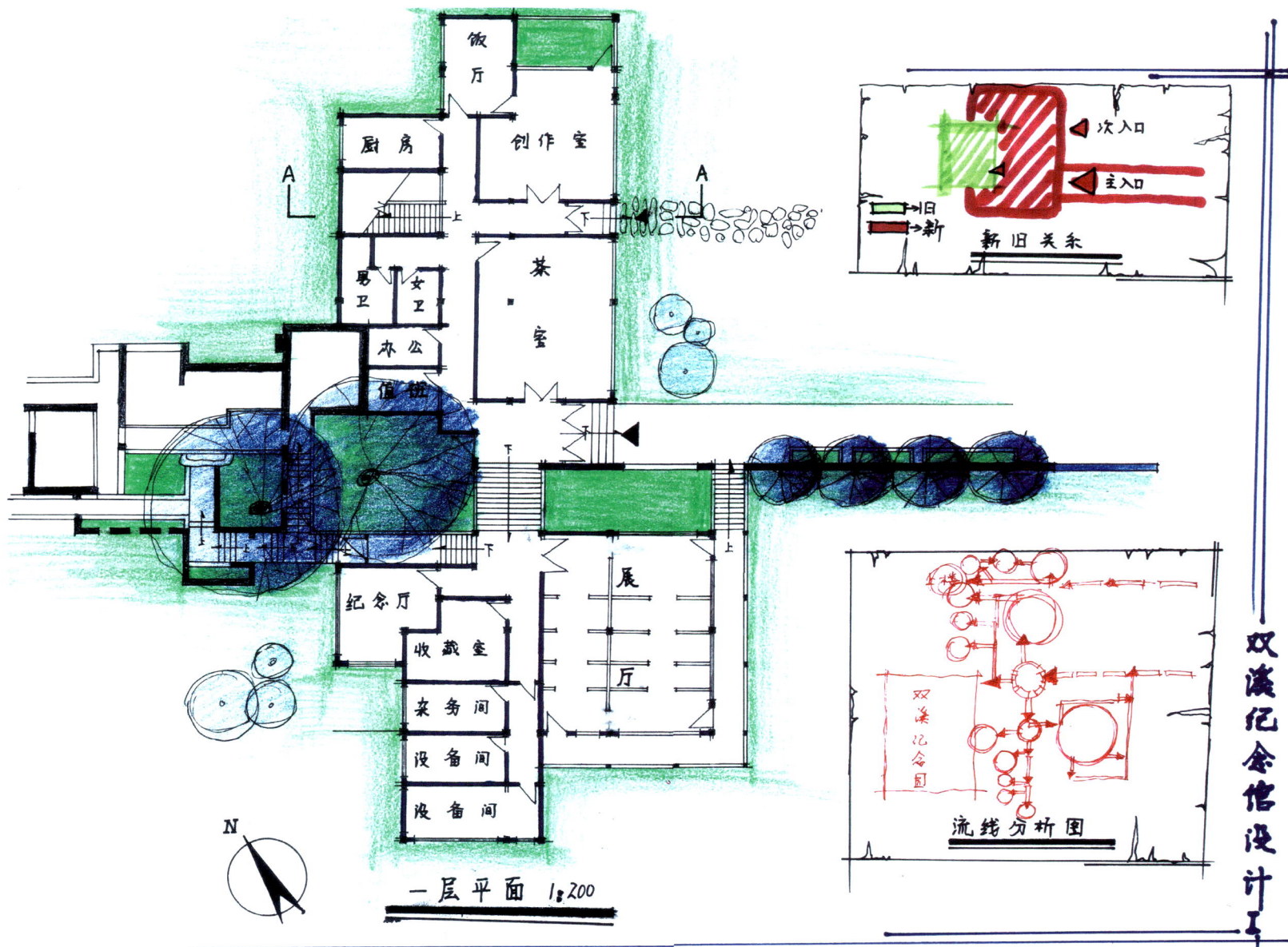

一层平面 1:200

实例 10　北京林业大学园林 03-5 班　钟春玮　"双溪"纪念馆设计 -1　3 小时　A3 图纸

优点：设计和表达的思路很清晰，图纸表现的基础训练很扎实。

缺点：新建建筑与旧建筑局部粘连在一起，不但相互之间的协调关系却没有建立起来，还将作为遗迹的墙体重新垒砌起来，据为己用，破坏了古迹的原
　　　貌；平面承重结构体系还需要进一步调整至合理和清晰表达；

　　　功能分区含混，办公人员活动区与游客活动区混杂，造成交通流线的交叉；

　　　入口区与主要的展示功能空间的联系应该更紧密，主次入口距离较近，且无遮挡分隔的考虑；

　　　纪念厅和创作室的内部空间使用不便；

　　　卫生间、办公室没有开窗，缺少自然的通风与采光。

客房（林间）

客房（林间）

客房（套间）

下

二层平面 1:200

正立面 1:200

剖面图 1:200

总平面 1:1000

双溪纪念馆设计 II

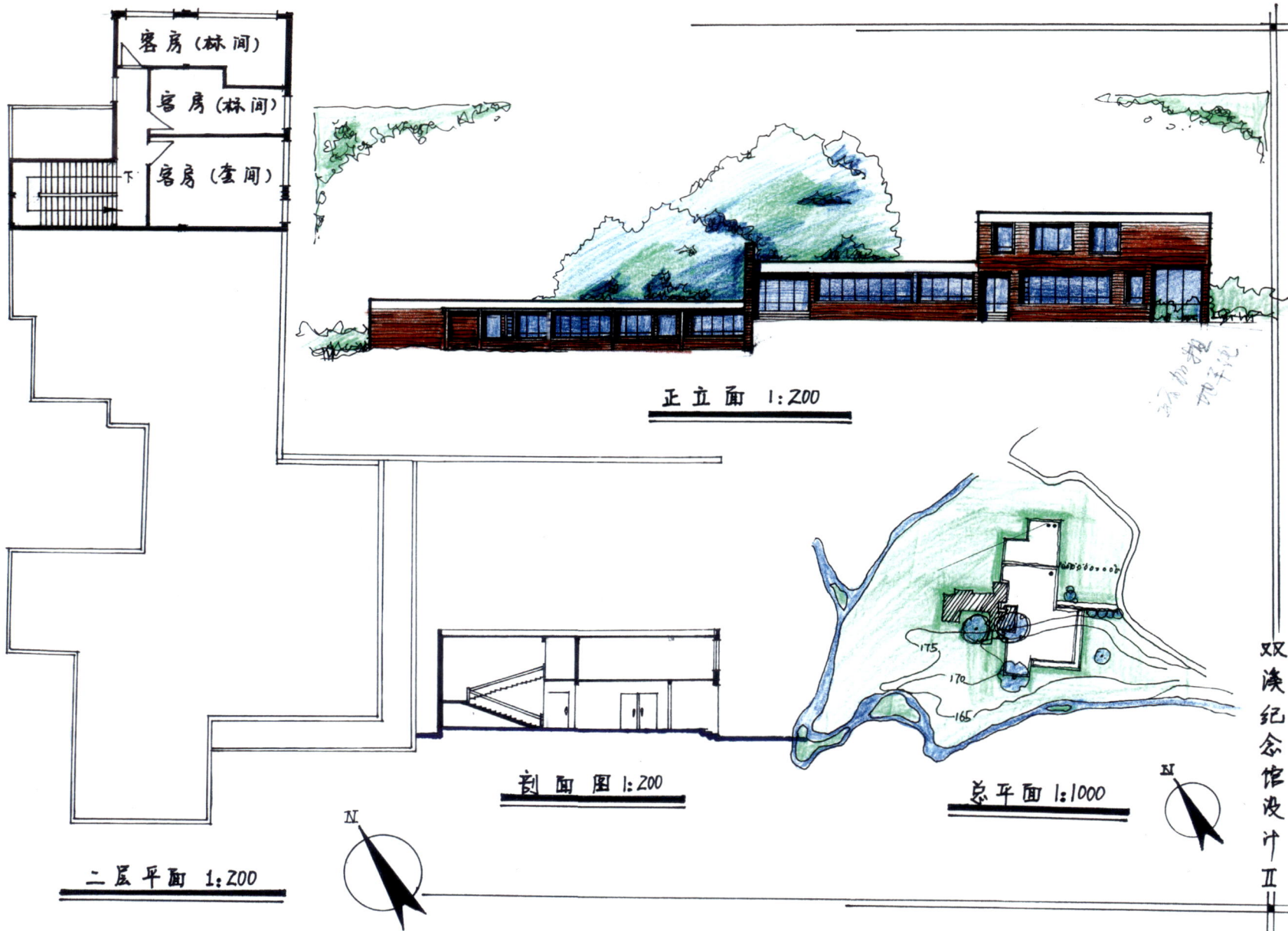

实例 10 北京林业大学园林 03-5 班　钟春玮　"双溪"纪念馆设计 -2　A3 图纸

优点：根据地形特点，在高处设置二层建筑，加强地形的效果；总平面图对于新旧建筑表现清晰；

　　　图纸表达干净，图面布局灵活，色彩搭配简洁；

　　　一、二层平面对位关系清楚。

缺点：客房的形状不便于使用，内部应加入室内家具布置；如果设计卫生间，应清晰的表达出其位置，可能会与一层建筑功能冲突；

　　　平、立面与造型设计与历史环境的气质氛围相去甚远，缺少与传统建筑的联系；

　　　立面图中的地面线不明显，配景欠佳。

双溪纪念馆设计Ⅲ

实例 10　北京林业大学园林 03-5 班　钟春玮　"双溪"纪念馆设计 -3　A3 图纸

优点：表现图笔法较熟练；

　　　近中远景搭配合理：近景通过树木组成框景，服务于中景建筑；中景建筑通过马克笔的颜色与运笔方式体现材质特点；

　　　远景植物通过排线与饱和度较低的色块来表达，山体通过简单线条勾画出来；

　　　利用线条与标题文字进行构图，实现整体画面的均衡。

缺点：近景需要更多详细的表现，过高，与中景建筑脱离；

　　　建筑明暗面区别不够明显，且色彩偏于暗淡，可以增加明快的受光面亮色和绿色系的配景色；

　　　描绘远景山体的线条不够流畅，与建筑的构图关系不自然；

　　　图纸边框过于繁复，有喧宾夺主之嫌。

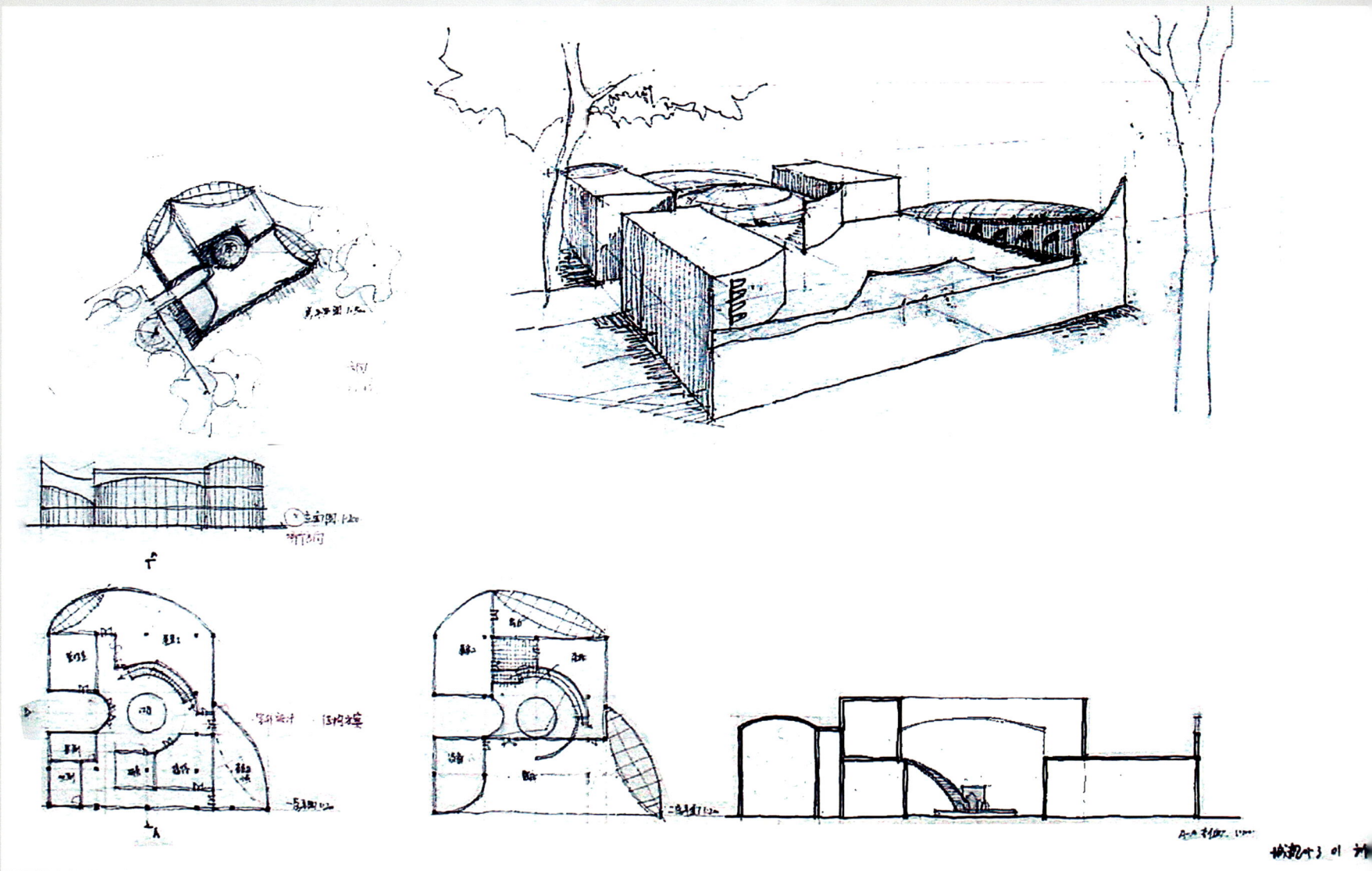

实例 11　北京林业大学城规 01-3 班　刘博新　文房四宝博物馆　3 小时　A1 图纸

优点：为了与历史环境协调，选择了局部二层、带有中庭的现代建筑形式，在高度上与周边民居形成一致，在立体形式上形成对比的和谐，不失为一种尝试；自然光线充足中庭空间成为统领各功能空间的核心，丰富的体块式立体造型表现出园林建筑的特色之一；该学生也是初次尝试大规模建筑快速设计（1500~1800 m²）。

缺点：总平面图没有很好的表达建筑与周边道路的关系；

　　　一层平面应适当加入周边场地环境的表达，完成室内外庭院的设计；

　　　"L"形室内空间不方便使用；

　　　立面形式有待推敲；

　　　剖面图表述不够清晰完整，地面线、屋顶线表达有误。

笔墨氤氲

——"文房四宝"博物馆设计

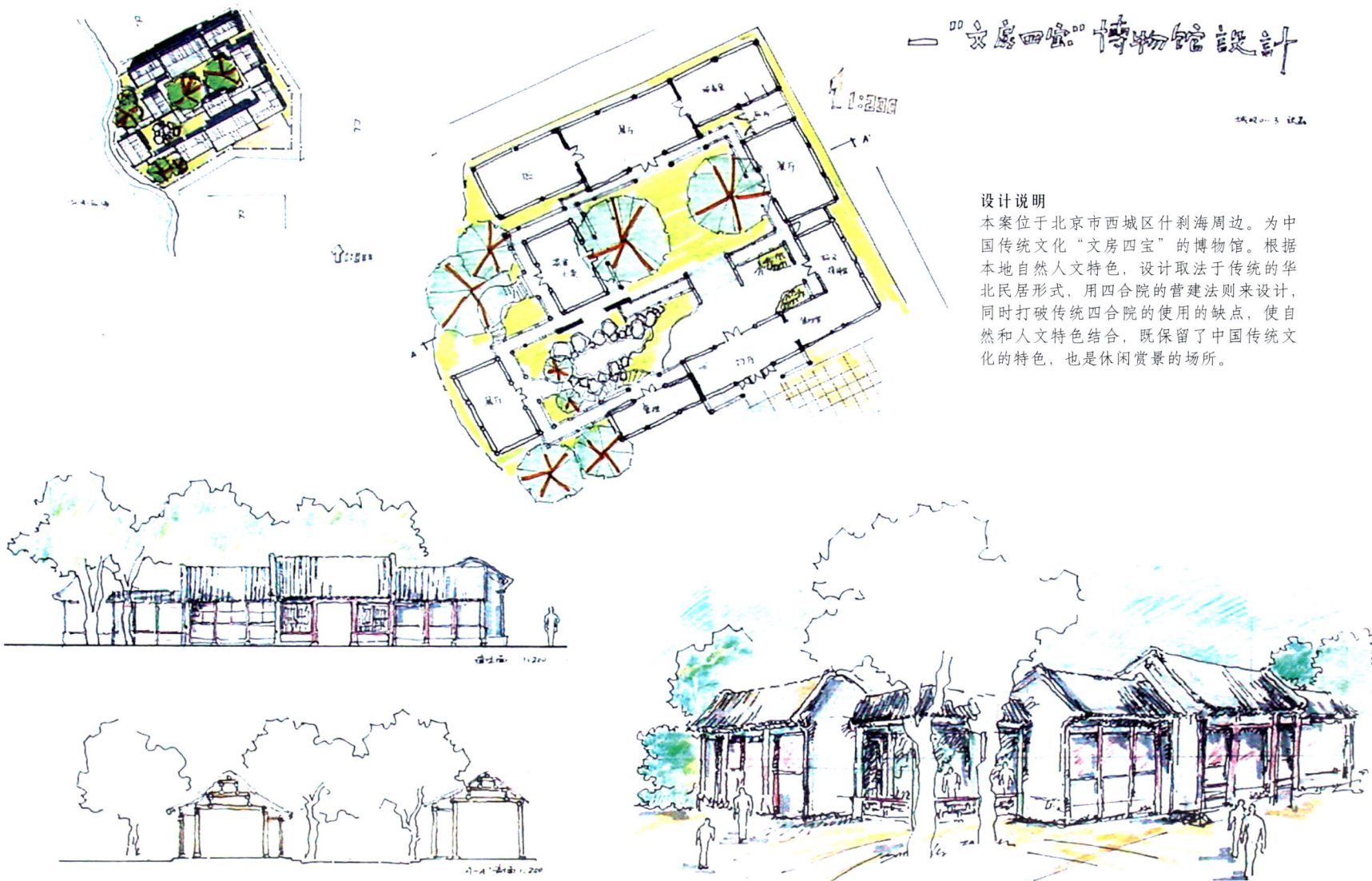

设计说明

本案位于北京市西城区什刹海周边。为中国传统文化"文房四宝"的博物馆。根据本地自然人文特色，设计取法于传统的华北民居形式，用四合院的营建法则来设计，同时打破传统四合院的使用的缺点，使自然和人文特色结合，既保留了中国传统文化的特色，也是休闲赏景的场所。

实例 12　北京林业大学城规 01-3 班　张磊　文房四宝博物馆　3 小时　A1 图纸

优点：为了与历史环境协调，选择了纯粹的四合院民居建筑形式，并采用中轴非对称格局和园林式前院体现小型文化博物馆的氛围
　　　　——"笔墨氤氲"；功能分布基本合理，流线较为通畅。该学生也是初次尝试大规模建筑快速设计（1500~1800 m²）。

缺点：在尺度、比例和岸线的设计处理上还需有意识地加强训练；
　　　　采光未根据展品性质作特殊处理，设计考虑不足；
　　　　通往厕所的道路表达有误；
　　　　未设置或未在总平面图标明主次出入口，造成功能上的认知混乱；
　　　　图名、比例标注不全；
　　　　整体图面具备一定的表现能力，但构图较松散、欠饱满。

长沟流月岁无声

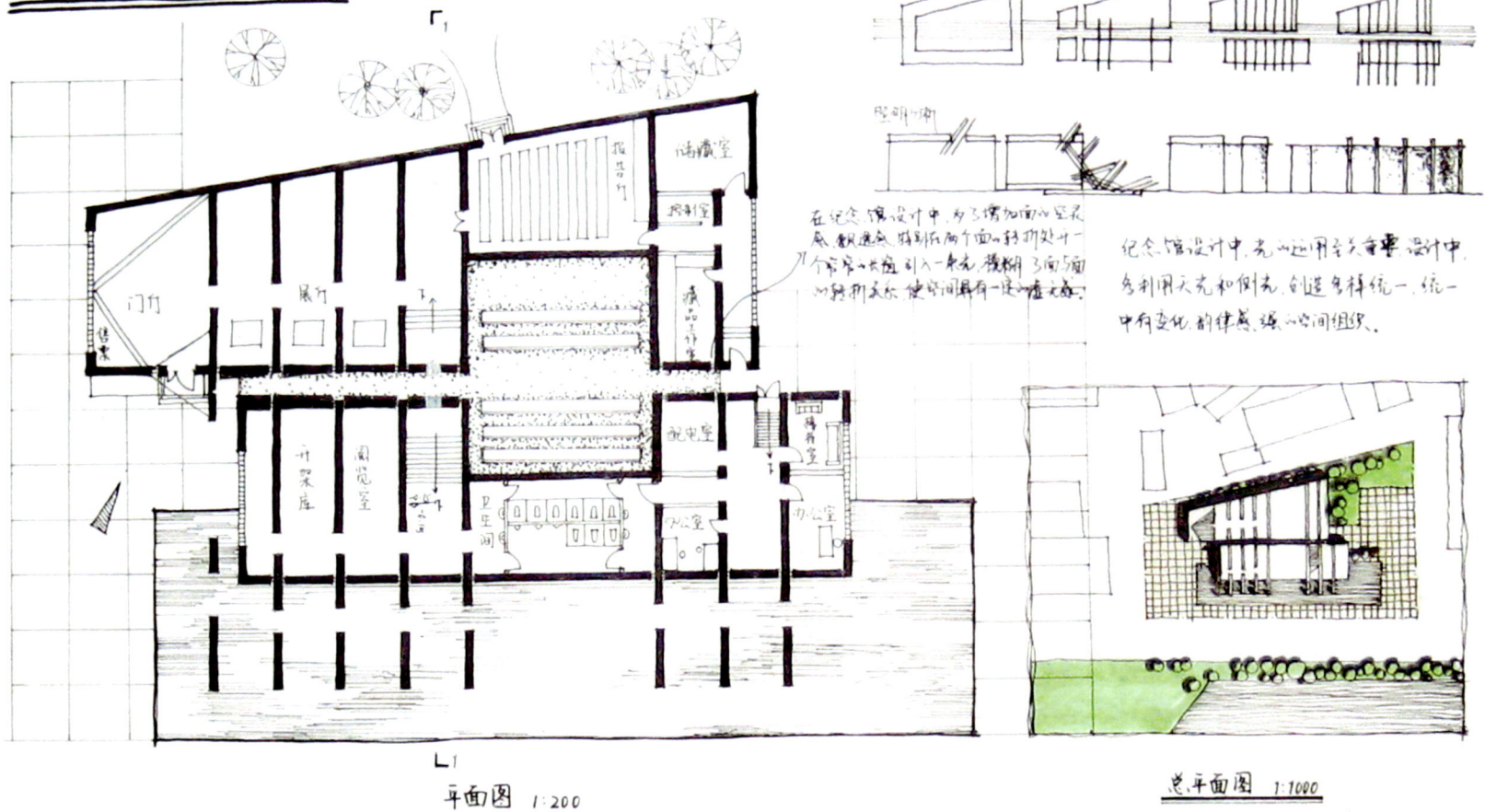

结构分析

照明分析

在纪念馆设计中，为了增加面的空灵感，飘逸感，特别在两个面的转折处开一个窄窄的长窗，引入一束光，模糊了面与面的转折关系，使空间具有一定的虚无感。

纪念馆设计中，光的运用至关重要，设计中，多利用天光和侧光，创造多样统一，统一中有变化，韵律感强的空间组织。

平面图 1:200

总平面图 1:1000

实例 13 北京林业大学城规 05-2 班　李慧　中国无声电影纪念馆 -1　4 小时　A3 图纸

优点：展览的空间不仅突出无声，更采用无光的室内环境来烘托，气氛强烈；功能分区较为合理明确，
　　　并结合了建筑的形态；造型设计突出了体块组合的特征和动势，模拟胶片的序列形态，以隐喻的
　　　手法标明无声电影的特征；采用中心庭院的方式使得建筑"虚心"而灵动开来。

缺点："长沟流"的语言表达与主题没有切实的联系，题名的艺术性和意义含蓄程度都欠佳，应去除；
　　　基本知识、概念、表达法有所欠缺。
　　　阅览室、办公室等功能空间要求有充足的南向自然采光；遗漏了指北针的方向标记；
　　　出入口的数量不符合设计规范，并且出口选点严重影响其他房间的使用；
　　　庭院被孤立于建筑当中，不仅黑暗，而且缺少相互之间的联系。

在纪念馆设计中，为了增加面的空灵感，
飘逸感，特别在两个面的转折处开一个窄
窄的长窗，引入一束光，模糊了面与面的
转折关系，使空间具有一定的虚无感。

纪念馆设计中，光的运用至关重要，设计
中，多利用天光和侧光，创造多样统一，
统一中有变化，韵律感强的空间组织。

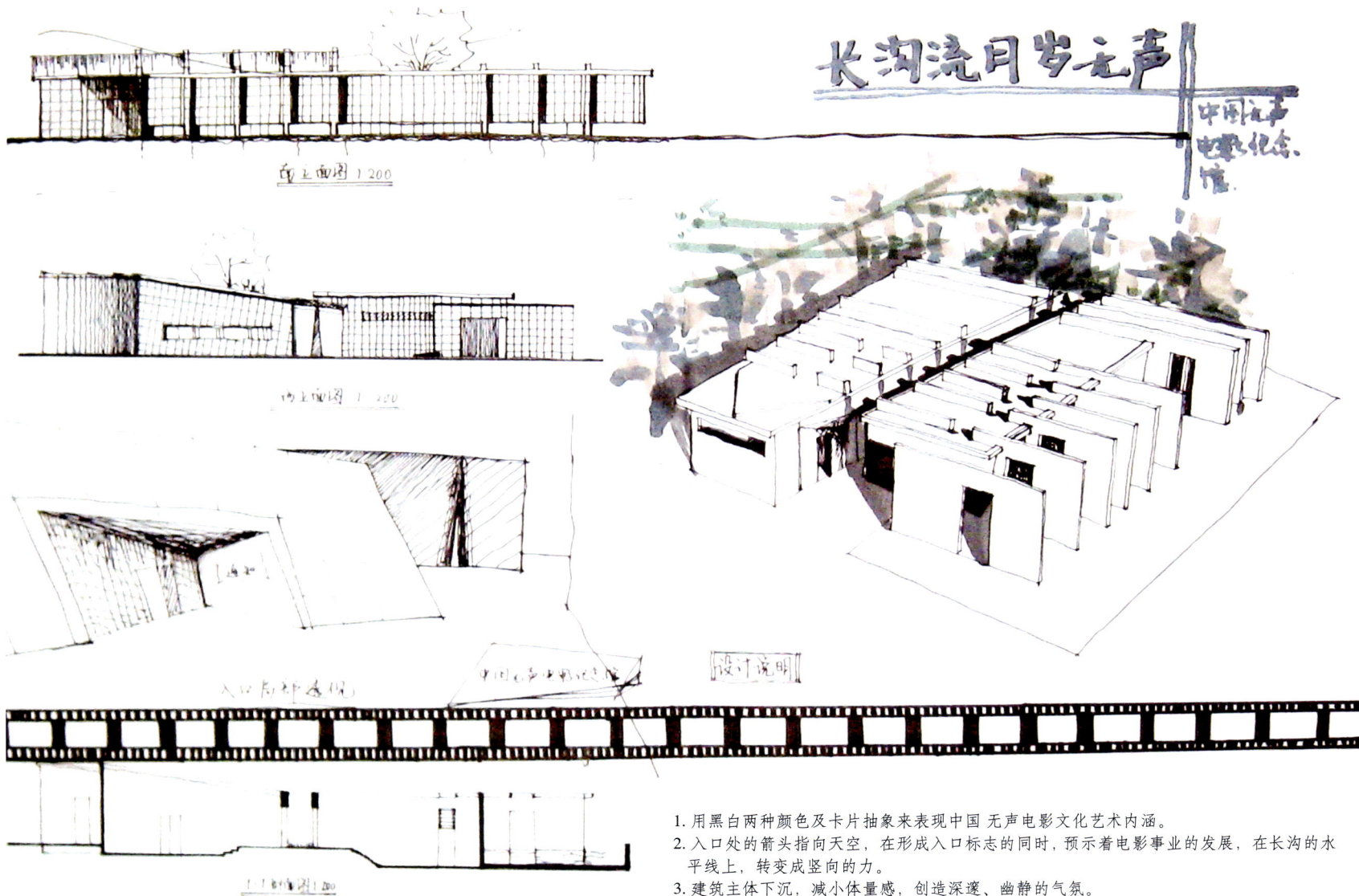

长沟流月岁元声

中国故事电影化京馆.

自立面图 1 200

南立面图 1 200

入口局部表现

中国无声电影纪念馆

设计说明

1. 用黑白两种颜色及卡片抽象来表现中国无声电影文化艺术内涵。
2. 入口处的箭头指向天空，在形成入口标志的同时，预示着电影事业的发展，在长沟的水平线上，转变成竖向的力。
3. 建筑主体下沉，减小体量感，创造深邃、幽静的气氛。

实例 13　北京林业大学城规 05-2 班　李慧　中国无声电影纪念馆设计 -2　4 小时　A3 图纸

优点：建筑体型设计与结构相融合，注重各个立面的变化，南立面简洁有层次变化，较好。

缺点：过度强调片状墙体，以至于减少了水池的面积，极大地削弱了水在活跃建筑空间中的作用和与环境的过渡衔接作用；

　　　两体块之间的交接地带在空间的处理上应有助于加强体块之间的联系，两端还可做强化点缀；

　　　剖面图应表示出所有被剖到部位的信息，如屋顶、池边等；胶片的形象不仅夸张，而且耗费时间，应精简化；

　　　效果图应与平、立面内容相符，绘制内容还应表达更大范围的环境特征，更丰富景观的层次和内容。

参考文献

[1] 卢济威、王海松著. 山地建筑设计[M]. 北京：中国建筑工业出版社，2001

[2] 王晓俊等编著. 园林建筑设计[M]. 南京：东南大学出版社，2003.12

第三章
园林建筑快速设计题型介绍
——功能分类

不同类型的建筑具有各自的功能要求，由此形成多样的形式特征。从功能角度进行分类，园林建筑大致可分为服务性建筑、展示建筑、小型独立住宅、入口建筑、休憩观赏建筑游览建筑、小品设施等种类。

在园林建筑中，有一类专门为人们提供各种服务的建筑。本书将其列为服务性建筑。服务性建筑通常具备售卖的功能，如出售生活、旅游用品；或为游览活动提供组织管理和场所，如公园日常管理、休息、品茶、登船、如厕等。其特点是注重路径的通达，功能的合理，并具备有一定的标志性。根据服务内容的不同，大致可包括小型商业建筑、小客栈、接待室或公园管理处、摄影部、游船码头、公共厕所等建筑类型。小型商业建筑具备出售功能，可供短暂逗留，包括小卖部、茶室、小吃部、饮品店、小型售楼处等。

1. 茶室

茶室是重要的一类园林建筑，布局与设计多与环境紧密结合。就功能而言，属于餐饮建筑。设计时应注意交通流线的组织，各组成部分关系图如下：

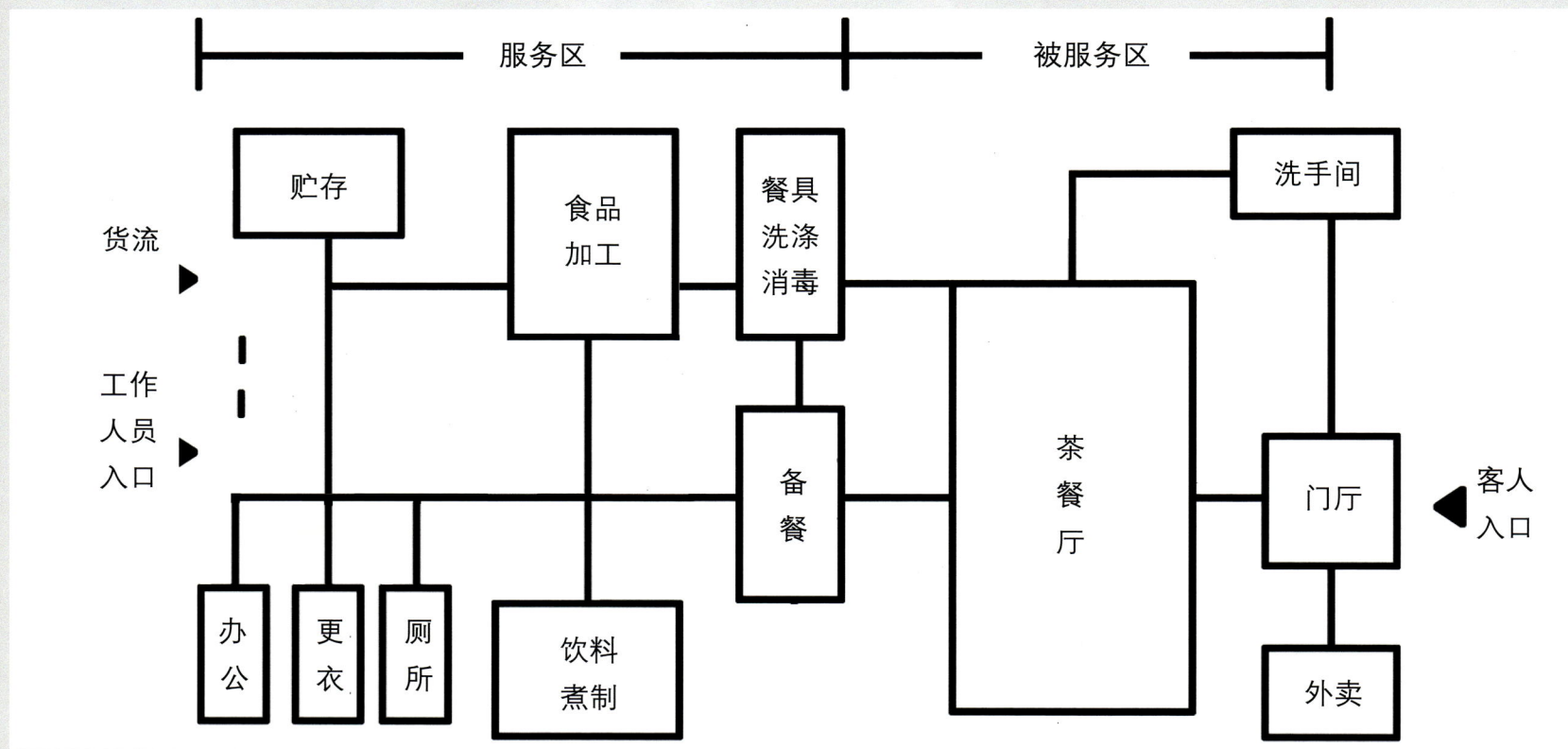

图 3-1 茶室（茶餐室）

茶室设计

plan 1/100

site plan 1/200

A-A section

Bird's eye view

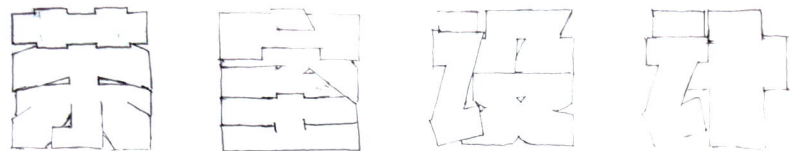

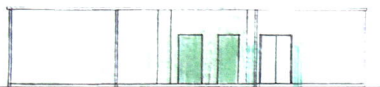

实例 14　北京林业大学风景园林 00-2 班　刘佳　茶室设计　3 小时　A1 图纸

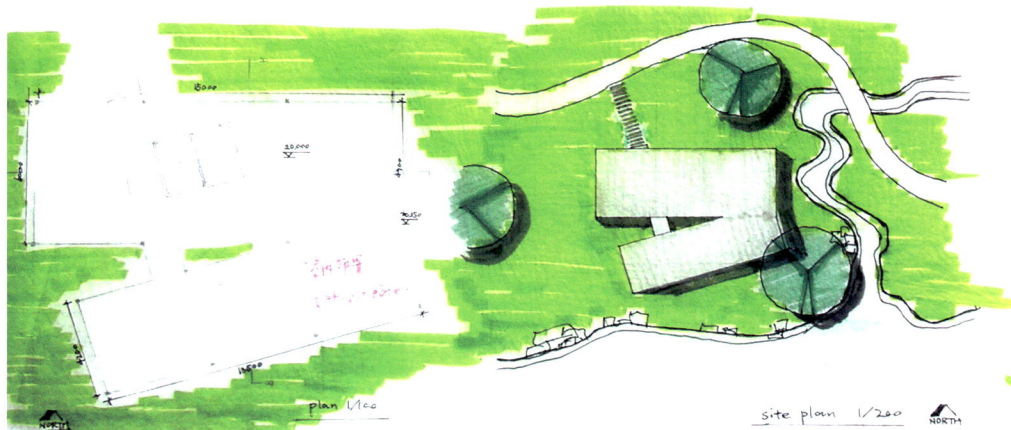

优点：设计方案构思新颖，建筑造型简洁；内部空间开敞，色彩单纯而明快；整体图量较饱满，布局均衡。

缺点：细部节点表达和室内设计布置尚需进一步深入表现；

　　　与周边环境结合不够紧密，没有很好地利用东侧水景；

　　　剖面图中的地面、屋顶表达有误，纵剖面未表现出院落的存在；

　　　立面过于简单，没有雨棚、台阶、玻璃分隔等必要表达；

　　　入口的小透视表达不清楚；透视图过于概括，整体效果欠佳。

设计说明

结构材料：轻钢结构，玻璃（透明及不透明）围护。铝合金屋面，混凝土厕所。

建筑面积：140m²

· 以玻璃材料打破视线的阻隔，可欣赏风景而又不破坏风景。

· 轻钢结构显得轻盈，给人以闲适之感。

· 密斯、霏利浦·约翰逊等建筑师都设计过玻璃盒子式的建筑，采用玻璃盒子的形式既满足景观需要又富现代感，并表达对密斯的崇敬——我是密斯主义者。

· 入口处的玻璃墙灵感源于巴黎德方斯的玻璃风障，此处借以强调入口。

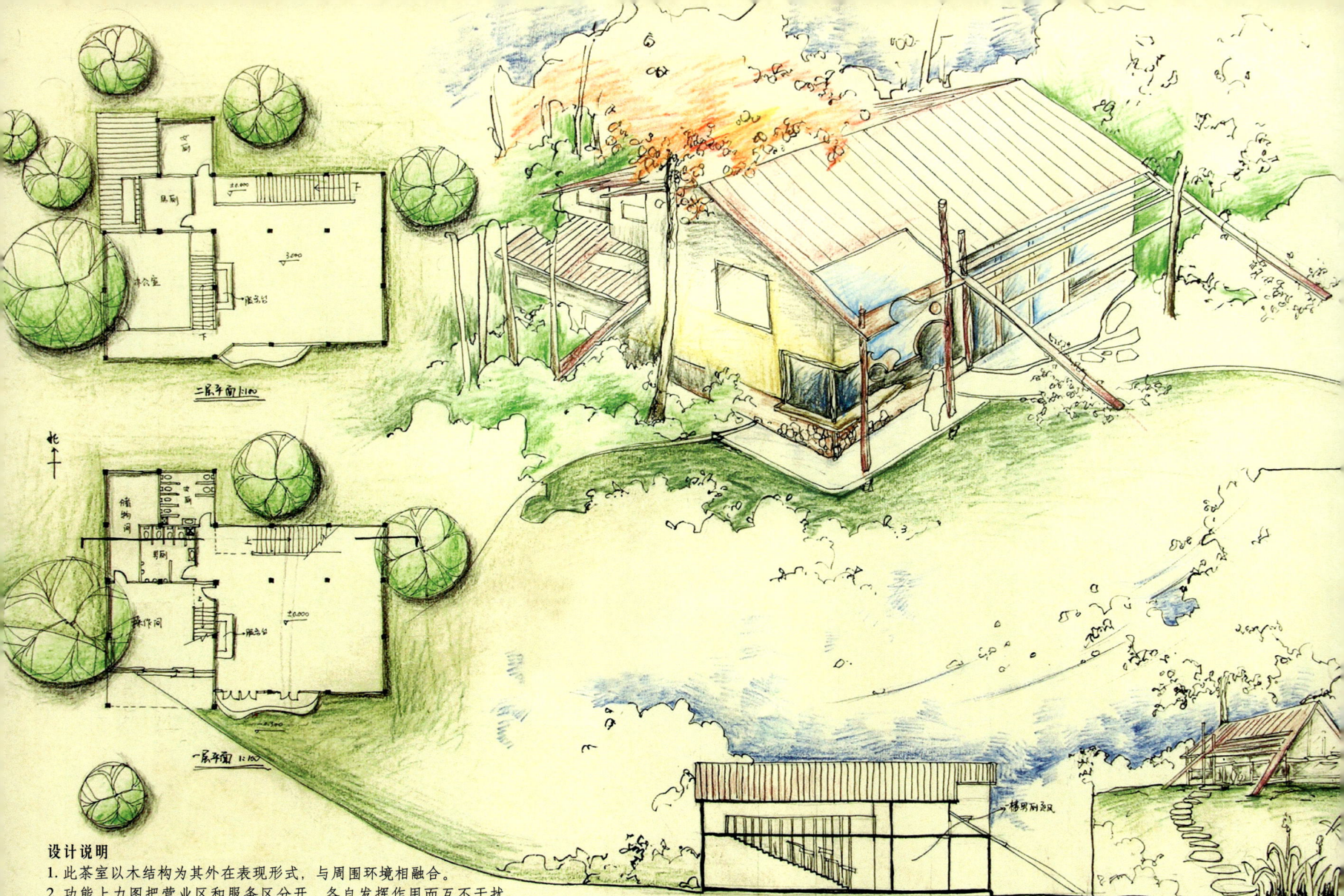

二层平面1:100

北↑

一层平面1:100

剖面图1:100

城规02-3班 朱甜甜 02334326

设计说明
1. 此茶室以木结构为其外在表现形式，与周围环境相融合。
2. 功能上力图把营业区和服务区分开，各自发挥作用而互不干扰。
   客用楼梯和服务人员所用楼梯也分开。
3. 办公室放于2楼，相对安静隐蔽一点，但同时又与各区都联系紧密。

实例15 北京林业大学城规02-3班 朱甜甜 茶室设计 3小时 A3 图纸

优点：图纸的表达说明设计者具有相当的设计训练基础；设计方案本身充分遵照设计条件要求，利用原地形、地物进行设计，采用木结构，坡屋顶形式
建造新建筑，内部采用大空间茶厅，充分吸取了民居建筑的质朴风格；
善于运用廊及其变化形式作为连接过渡空间，利用对景、分隔、借景等手法丰富和扩大入口空间效果；
功能分区明确，动线合理，屋顶形式、空间围合与建筑平面的伸缩结合起来，为整体造型的丰富创造了条件；
较为自然的建筑风格体现了与环境的结合。

缺点：入口空间的引导标识功能欠缺；值班室远离入口，平台紧贴主体建筑的做法都不适宜，平台可扩大并向水面延伸；
卫生间没有自然采光；"L"型的工作间在使用上不方便，应当设专用出入口，不宜与茶室混杂；
细部节点和茶室内的布置尚需进一步深入表现；（图中的墙体因拍摄原因变形为曲线。）
楼梯未设置休息平台；剖切符号表现有误。

实例 16　北京林业大学园林 03-1 班　许晓明　茶室建筑设计 -1　3.5 小时　A3 图纸

优点：整体构图较好，建筑活泼自由，形态与园林环境结合较好。

总平面环境设计中，体现出建筑所处的优美环境，表现出树木繁盛、种类多样的风景园林特点。

缺点：建筑入口较为隐蔽，入口前环境缺少标志设计，入口内空间狭小，交通流线相互碰撞的可能性很大，应再仔细推敲。

在建筑与大水面之间，可布置有植物或水面的小型内院空间，以增加景观层次。也就是说，在平面构图上应用"虚心内敛"的形式处理方法，避免立体空间的乏味感。

没有图名、比例、指北针和标高等。

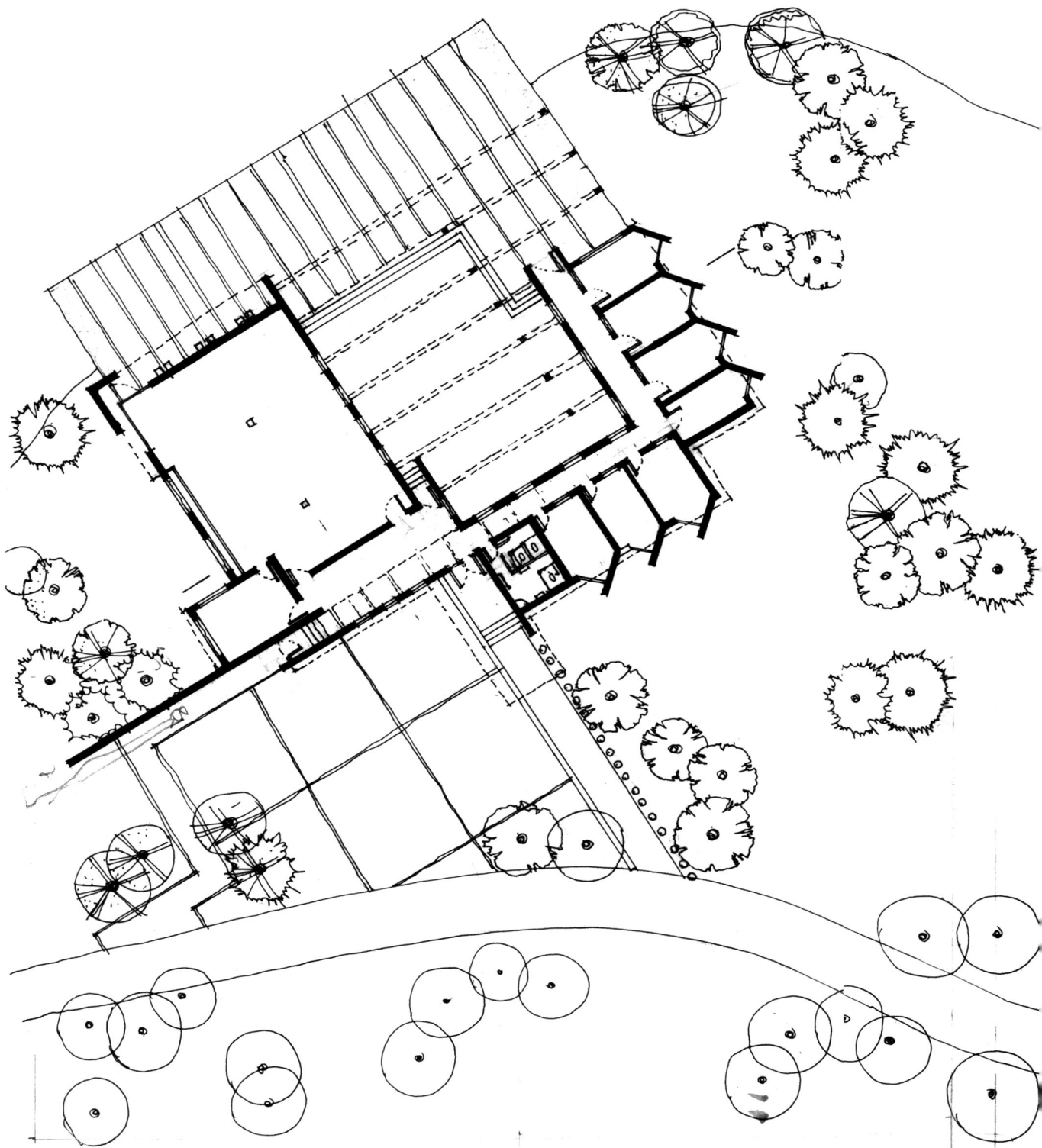

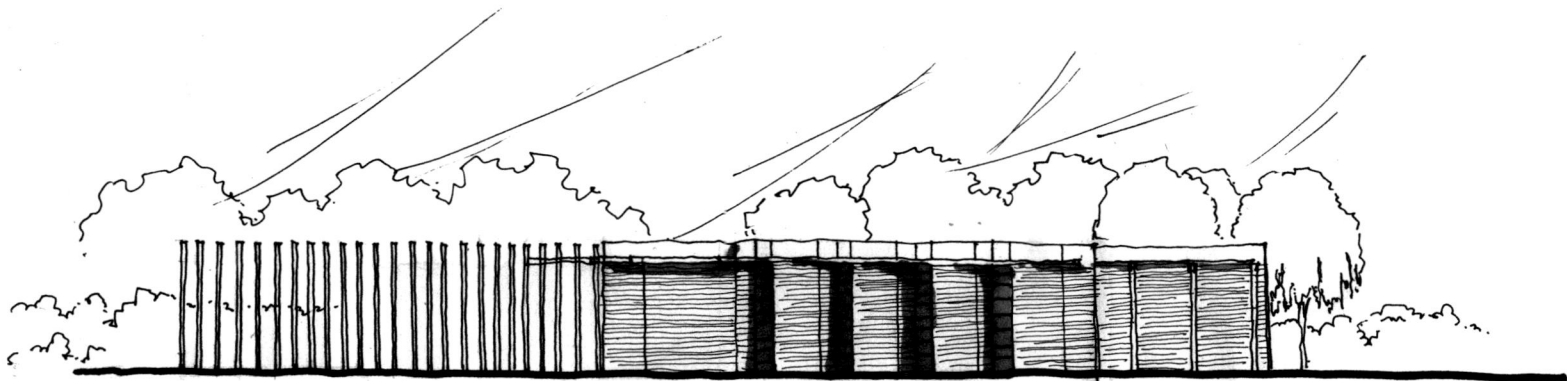

实例 16 北京林业大学园林 03-1 班　许晓明　茶室建筑设计 -2　A3 图纸

优点：立面设计简洁而有节奏，纵横对比巧妙运用，富有秩序感；

　　　立面比例划分较为合适，并通过立柱、廊架等元素进行调节；

　　　立面通过线条表现材质，通过阴影突出前后关系，较为清晰的说明了设计意图；

　　　配景植物、天空线条流畅，统一协调。

缺点：剖面图地面表达有误；没有标明必要的标高；

　　　剖面图右侧建筑部分的屋面应为一体，左侧建筑部分的室内梁架无标明；

　　　缺少图名、比例、注示等，表述不清晰。

实例 17　北京林业大学园林 03-1 班　　许晓明　茶室建筑设计 -3　A3 图纸

优点：表现方法和色彩搭配简洁，效果较为明显，透视相对准确。

缺点：前景树干与建筑边界相重合，处理手段不佳，地面空旷，铺装尺度偏大；左侧树表现笔法欠成熟；

　　　围绕建筑的背景植物缺少变化，图面分布过于充满；

　　　建筑右侧表达不清晰，局部与平面图不十分契合；

　　　建筑屋顶表现含混，体量关系不清楚。

总平面图 1:1000

二层平面图 1:200

一层平面图 1:200

备茶室

储藏室

值班室

门厅

茶室

N

实例 17 北京林业大学城规 02-3 班　徐玲玲　茶室设计 -1　3 小时　A3 图纸

优点：有一定的场地设计，门厅与道路连接畅通，并做了出入口前停车空间；

　　　建筑与周边环境结合较好，茶室主要开敞面对着水面，露台伸入水中，同时二层设计屋顶可上人平台，进一步拓展建筑与环境的交融；

　　　建筑室内茶室部分做了一定得室内设计，如地面的起伏、隔断的设计、桌椅的布置等，设计具备一定得深度；

　　　建筑的虚实关系较好，建筑舒展，形体有收有放；有一定的图面表现与构图能力。

缺点：功能分区不明确，备茶室与储藏室、值班室距过远，造成使用不便与交通混行；

　　　服务入口与周边道路的情况没有交代清楚，且入口空间狭小，自入口向北走廊空间浪费；

　　　卫生间未画出蹲位布置图；未标出必要的地面标高；总平面图与平面图局部不符，影响一定的成绩。

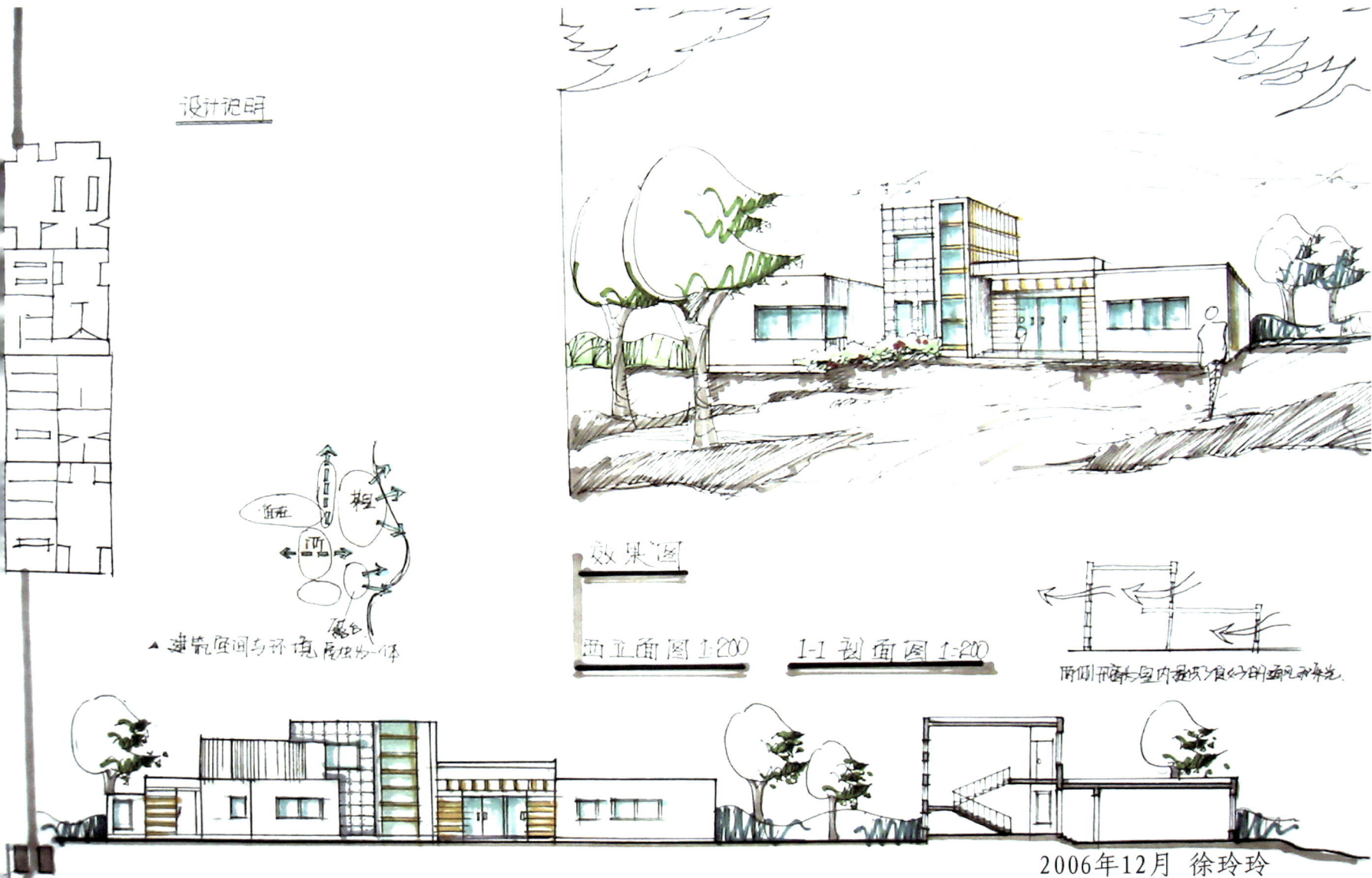

实例 17 北京林业大学城规 02-3 班　徐玲玲　茶室设计 -2　A3 图纸

优点：通过建筑与环境的分析，较好地表达了二者的关系，同时做了功能性分析；在通风分析图中表达了生态环境设计的科学性与合理性；

　　　效果图表现言简意赅，通过近中远景处理，使得图面具有层次感；

　　　剖面图较详尽，表现出了地面高低变化与屋顶层数差异，且表达较为准确，地面线与屋顶线、看线与剖切线之间区分明显；

　　　立面材质变化丰富，与平面的对应性较准确，马克笔色彩与线条的运用特色鲜明；配景具有动感，对于烘托整体氛围效果尚佳；

　　　整体构图较为清晰、明了，有一定的秩序性。

缺点：立面图比例划分尚待推敲，稍显混乱；剖面图局部梁柱体系表达有误；

　　　设计说明未完成，影响一定的成绩。

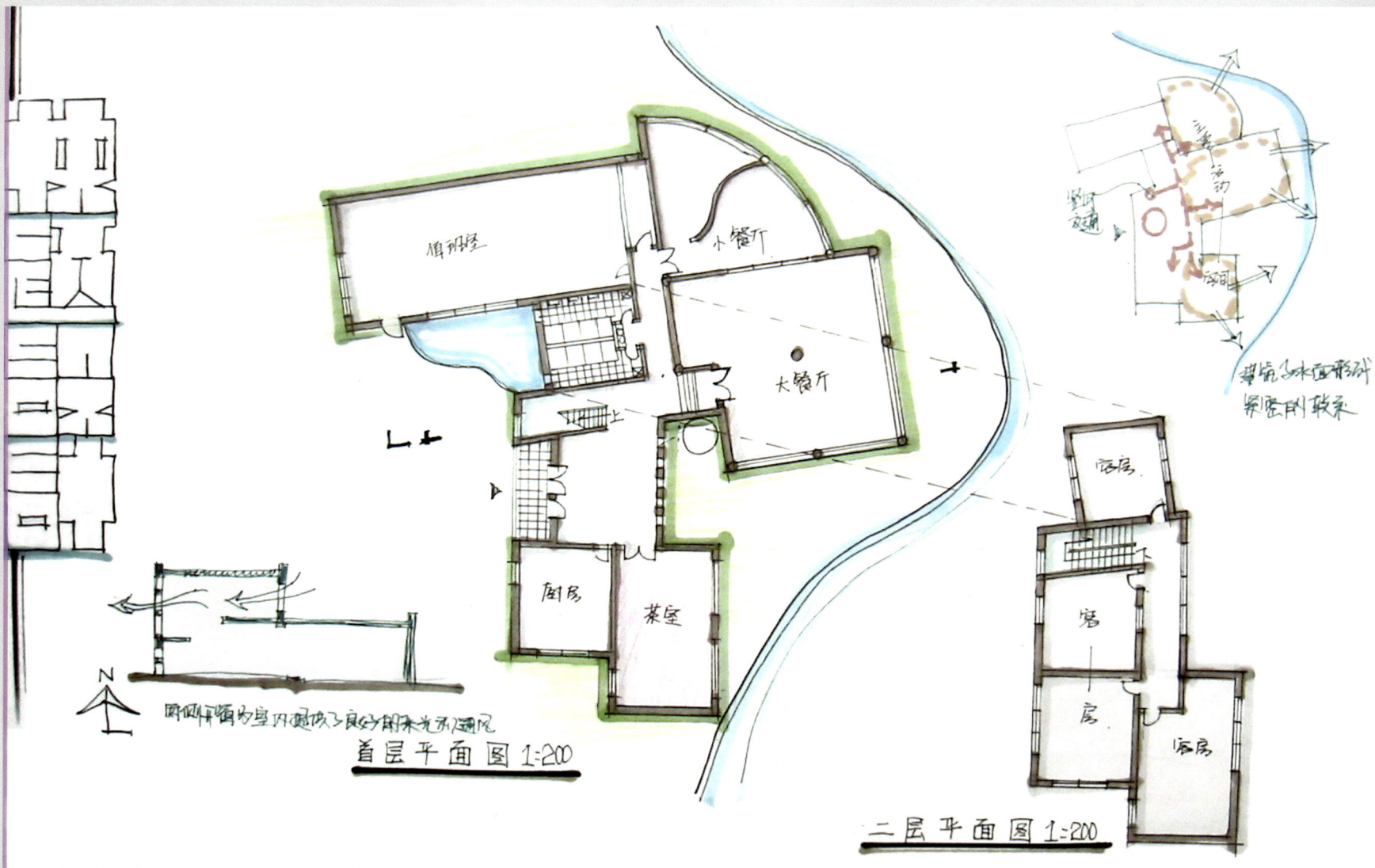

俱乐部

小餐厅

大餐厅

厨房

茶室

宿房

宿房

宿房

厨房件喷房室内通改了良好的采光和通风

首层平面图 1:200

N

二层平面图 1:200

环境对水面影响
界墙剖较柔

实例 18 北京林业大学城规 02-3 班　徐玲玲　茶室餐厅设计 -1　A3 图纸

优点：有建筑与环境及建筑通风分析图，表述清晰；平面布局与水面关系较好，对于环境做了充分考虑；

　　　平面做了不同类型的餐厅的设计，以创造更加多样的空间，满足不同人的需求，同时对厕所做了较为正确的布置，有一定的深度；

缺点：功能分区不合理，值班室与厨房的位置造成交通混行；

　　　值班室面积过大，且长宽比例不合适，不宜使用；

　　　外门内开，造成消防隐患；

　　　小餐厅入口交通局促；

　　　首层平面未能表现建筑与周围场地，及周边环境的关系。

效果图

总平面图1:500

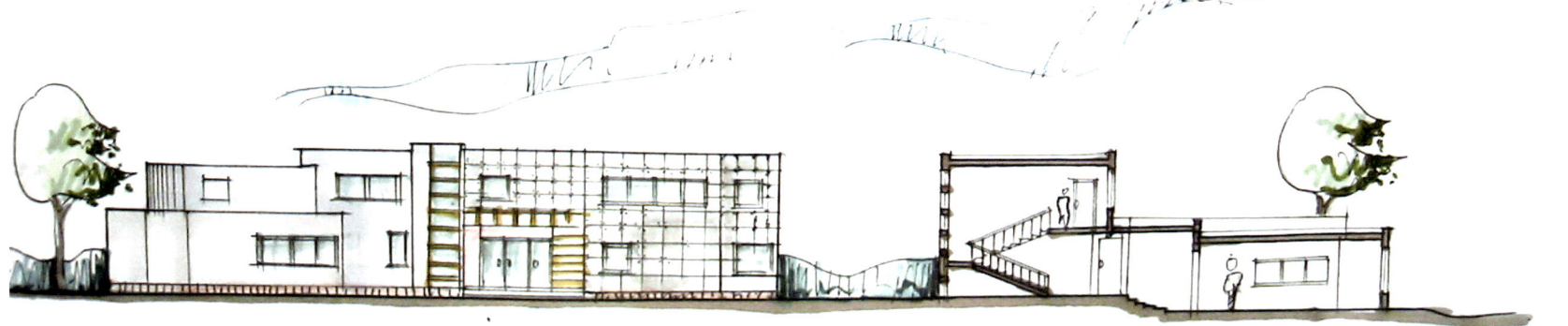

北立面图1:200

剖面图1:200

实例 18 北京林业大学城规 02-3 班　徐玲玲　茶室餐厅设计 -2　A3 图纸

优点：图面排布均衡饱满，配景表达有一定特色；
　　　剖面位置选择恰当，能较好的表现设计意图。

缺点：效果图铺装透视有误，远处配景处理不佳，缺少层次，整体效果有待提高；
　　　总平面阴影表现有误，室外铺装比例失调；
　　　立面图比例划分有待推敲，左右两侧材质对比过于割裂；
　　　剖面图地面表达有误，未标出必要的标高；
　　　图中各图之间的摆放还需加强相互之间的联系，整体构图也要反映出设计感，目前图面构图效果较为平淡。

园林建筑设计作业 VI

平台
斜坡道
煮制
露台
贮藏
二层平面

平台
斜坡道
煮制 管理 贮藏
大茶室
一层平面

茶立面

南立面

设计说明

该茶室位于南京市森林公园内，面积约 $144m^2$。室内有大、小茶室及贵宾茶室，能够满足不同消费水平游人的需求。为完善服务功能，室内相应配有煮制间、贮藏室、管理室、卫生间等。为方便二楼服务，另设煮制室一间。为配合森林公园极具园林化的意境和情趣，在该茶室周边因建筑形体而设花架、花坛、景墙，意取生动自然，半圆形的一楼大茶厅与单飞斜屋顶尤使建筑显得小巧亲切，关茶室取名"饮绿"，意即探幽寻静。

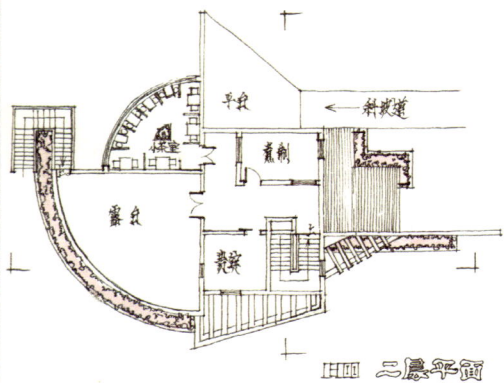

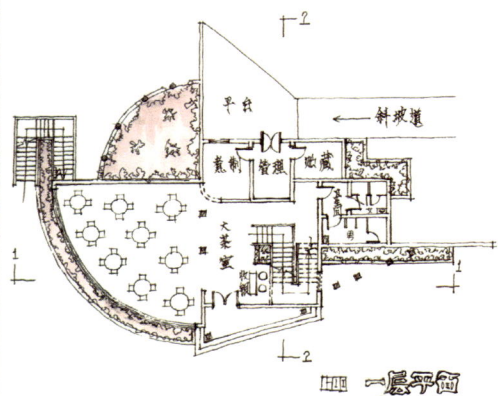

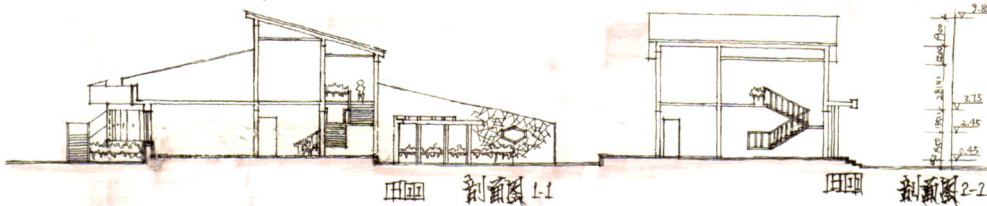

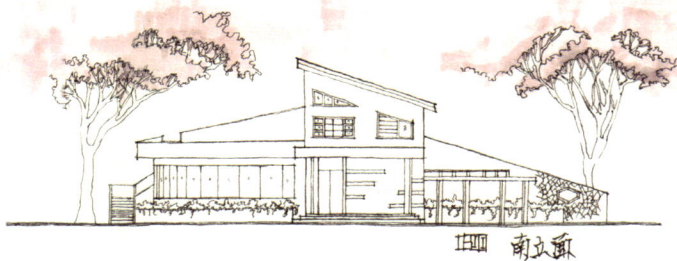

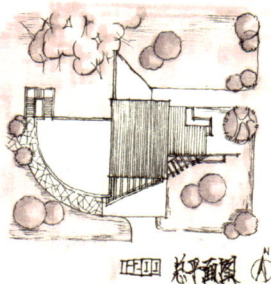

总平面·鸟瞰图

剖面图 1-1

剖面图 2-2

总平面图

实例19 北方工业大学城规06 潘之花 茶室设计 A2图纸 （改绘自王晓俊等编著.园林建筑设计。南京：东南大学出版社，2003.12）

优点：从表现来看，构图饱满，排版清晰，主次分明；线条、配景功底较好，技法娴熟；采用单色渲染，整洁大方，具备一定的素描感；

平、立、剖面图，总平面图表达基本正确，图纸表现充分；

从方案来看，功能分区明确，服务用房与顾客使用的空间划分合理；平面图布置室内家具，设计具有一定深度；

建筑整体造型、空间组织设计感较好；南立面坡屋顶与斜向墙体相呼应，创造秩序感；

建筑与环境有较好的结合，通过室外楼梯与花坛、延伸的墙、廊、露台等实现建筑与环境的交融

缺点：剖面图线型区分不明显；一层外门没有外开；一层平面楼梯表现有误；主出入口处雨棚不能用廊架替代。

62-63

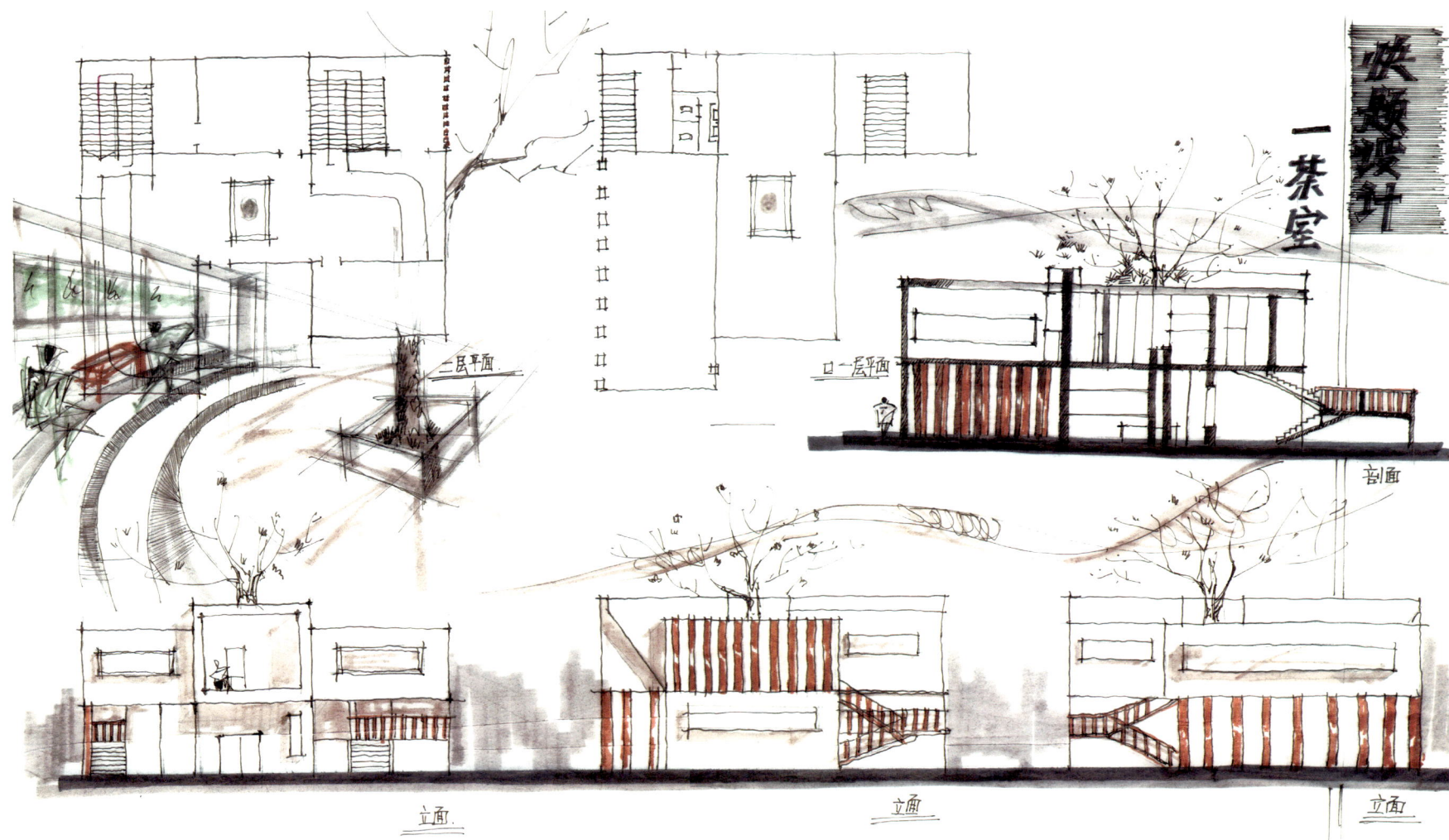

快题设计
一茶室

实例 20 北方工业大学城规 06　于猛　茶室设计　A2 图纸

优点：方案线条流畅、狂放，绘画感较强；具备一定的构图能力；设计围绕内庭的树木展开，充分尊重场地特色，实现建筑与环境的结合；
　　　立面设计有一定特色，手法较为凝练。

缺点：平面表述不清，没有基本的墙体、窗户、台阶的表达，及必要的房间标注；楼梯表达不正确，室内外区分不清晰；
　　　效果图与平面重叠，效果图不能很好地表现建筑形体，不符合快速设计对于效果图的要求；
　　　平面中没有剖切符号，不知道剖切位置；剖面地面、屋顶、楼梯表达有误；
　　　配景树表现尚待提高；
　　　没有比例和必要的标高标注。

茶熳 炊 谈   孙冰清

N

茶室
门生间

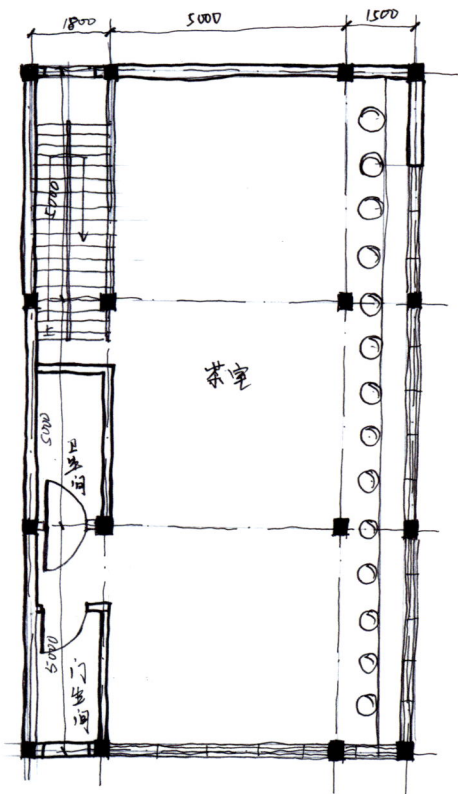

二层平面图 1:100

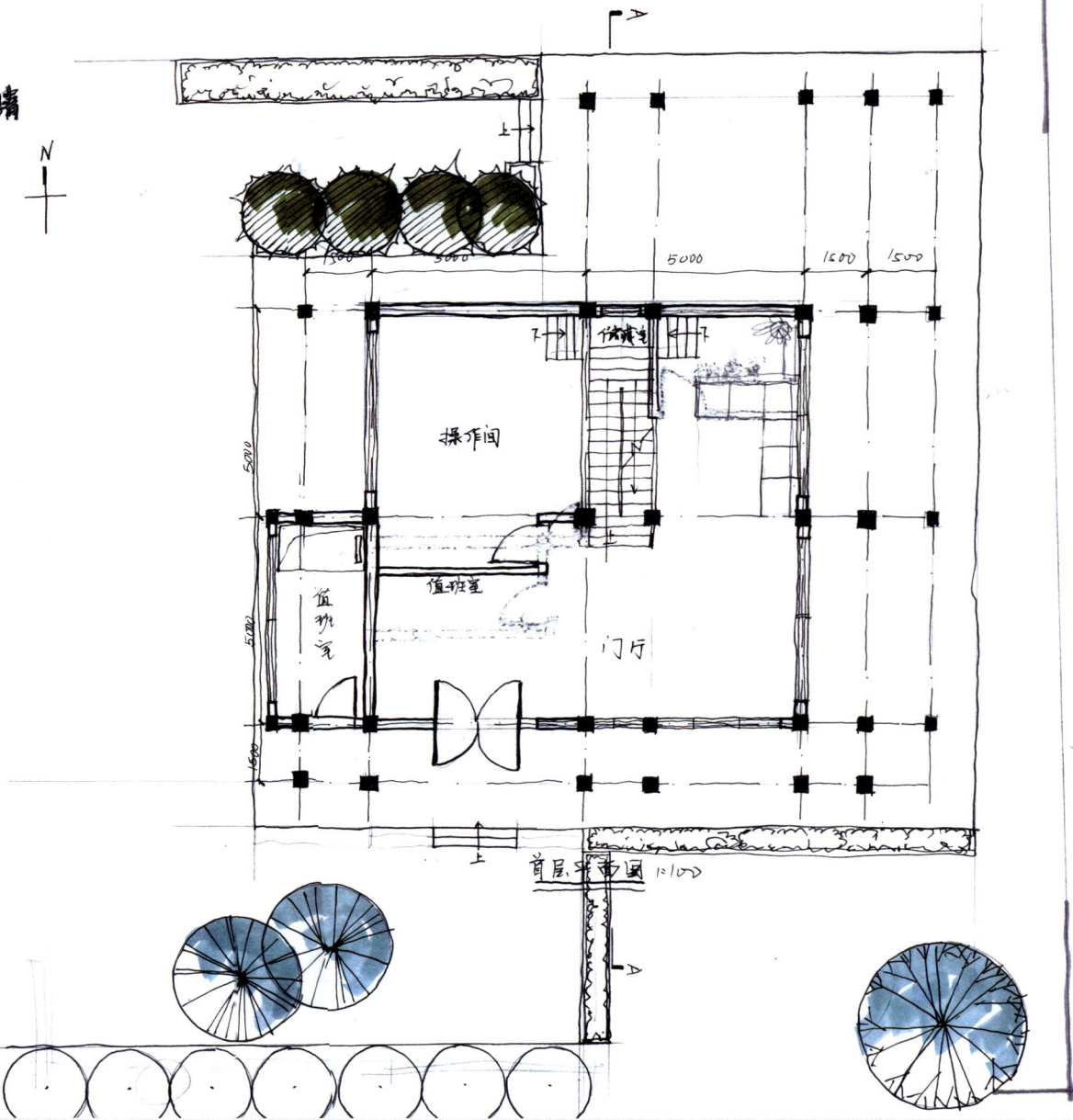

操作间
储藏室
值班室
门厅

首层平面图 1:100

实例 21 北京林业大学城规 03-4 班　孙冰清　茶室设计 -1　3 小时　A3 图纸

优点：柱网、轴线的排布，表现出清晰的设计思路和较为扎实的专业功底；

　　　功能分区明确，服务用房与茶室上下分层设计，交通流线较为流畅；

　　　利用楼梯休息平台下方，设计储藏室，实现空间的最大化利用；

　　　周边通过柱廊与环境相结合，创造灰空间，使建筑融入自然；

　　　配景树虽不多，但表现效果清淡，富有秩序，能较好的表现设计意图，烘托主体建筑。

缺点：门厅过大，且形状不佳；茶室与卫生间应做进一步设计，设计深度仍可提高；应设计单独的服务性质出入口；

　　　一二层平面柱距不对应；楼梯表达有误。

蒙室快速　孙冰清

A-A剖面图 1:100

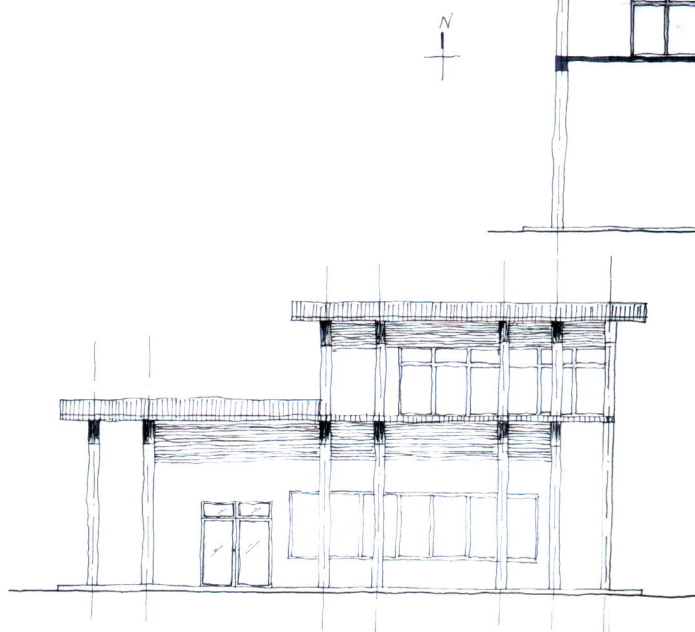

南立面图 1:100

蒙室快速　孙冰清

总平面图 1:500

实例 21 北京林业大学　孙冰清　茶室设计 -2

优点：立面通过阴影，使其具备黑白灰的图面效果；

　　　总平面与效果图表现周边山势，气氛渲染恰当。

缺点：剖面图地面线有误，没有区分室内外；

　　　女儿墙过高，使得建筑比例失调；

　　　缺少必要的尺寸标注；

　　　楼梯缺少栏杆扶手；

　　　效果图透视不准，配景单调，效果欠佳，且与二层平面图不相符。

设计说明

本设计采用了钢筋混凝土结构，外墙材料为毡，体现了山石的质朴。

建筑一层主要为门厅和操作间，二层为茶室。茶室主立面面向积水区，采用落地玻璃窗。

采用外廊形式，产生灰空间，增加建筑层次。

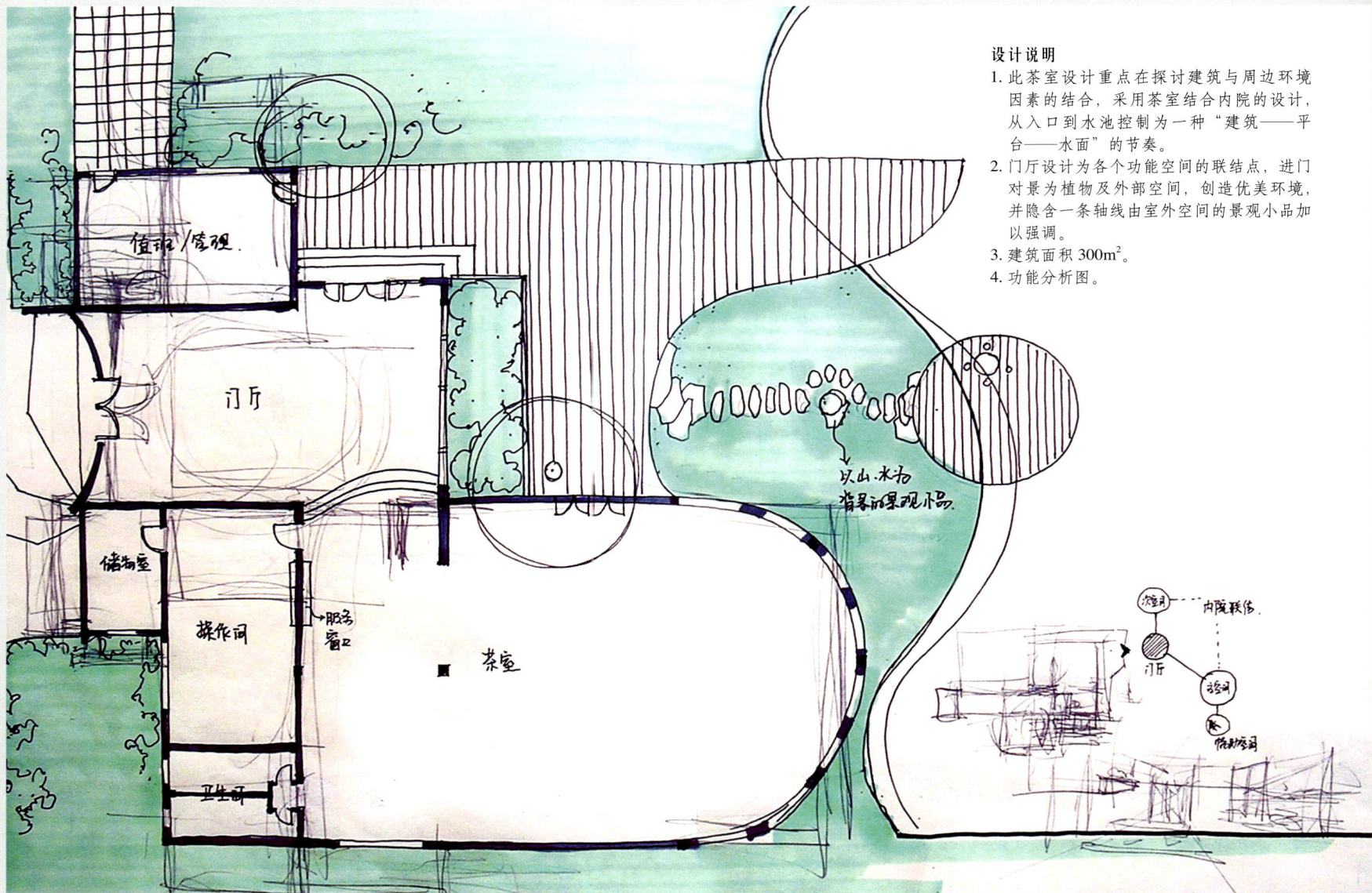

1. 此茶室设计重点在探讨建筑与周边环境因素的结合，采用茶室结合内院的设计，从入口到水池控制为一种"建筑——平台——水面"的节奏。
2. 门厅设计为各个功能空间的联结点，进门对景为植物及外部空间，创造优美环境，并隐含一条轴线由室外空间的景观小品加以强调。
3. 建筑面积 300m²。
4. 功能分析图。

图中标注：值班/管理，门厅，储物室，操作间，服务窗口，茶室，卫生间，以山水为背景的景观小品，流室内，内院联系，门厅，院落，管理室间

实例 22 北京林业大学城规 02-3 班　朱甜甜　茶室设计 -1　3 小时　A3 图纸

优点：功能布局较为合理，流线基本畅通；建筑形式与室外平台与周边环境从形式上能产生呼应，线条流畅；

　　　主入口、门厅、厅前植物种植、平台、山水小品、圆形平台形成景观序列，主出入口外设计自然石台阶，加上室外异形平台的设置，使建筑与环境充分交融；卫生间门及房间形状较为合理，有开窗；

　　　室外平台与室外道路用线条表达铺装，配以单色马克笔的渲染，使得版面设计简洁明快。

缺点：门厅过大；外门没有外开；主出入口的弧形墙与相互垂直的墙的交界关系不佳；平面图没有剖切符号；

　　　储物室与门厅的关系不佳；值班管理用房方向设计不佳，其外没有台阶或者坡道；应设置专门的服务性质出入口。

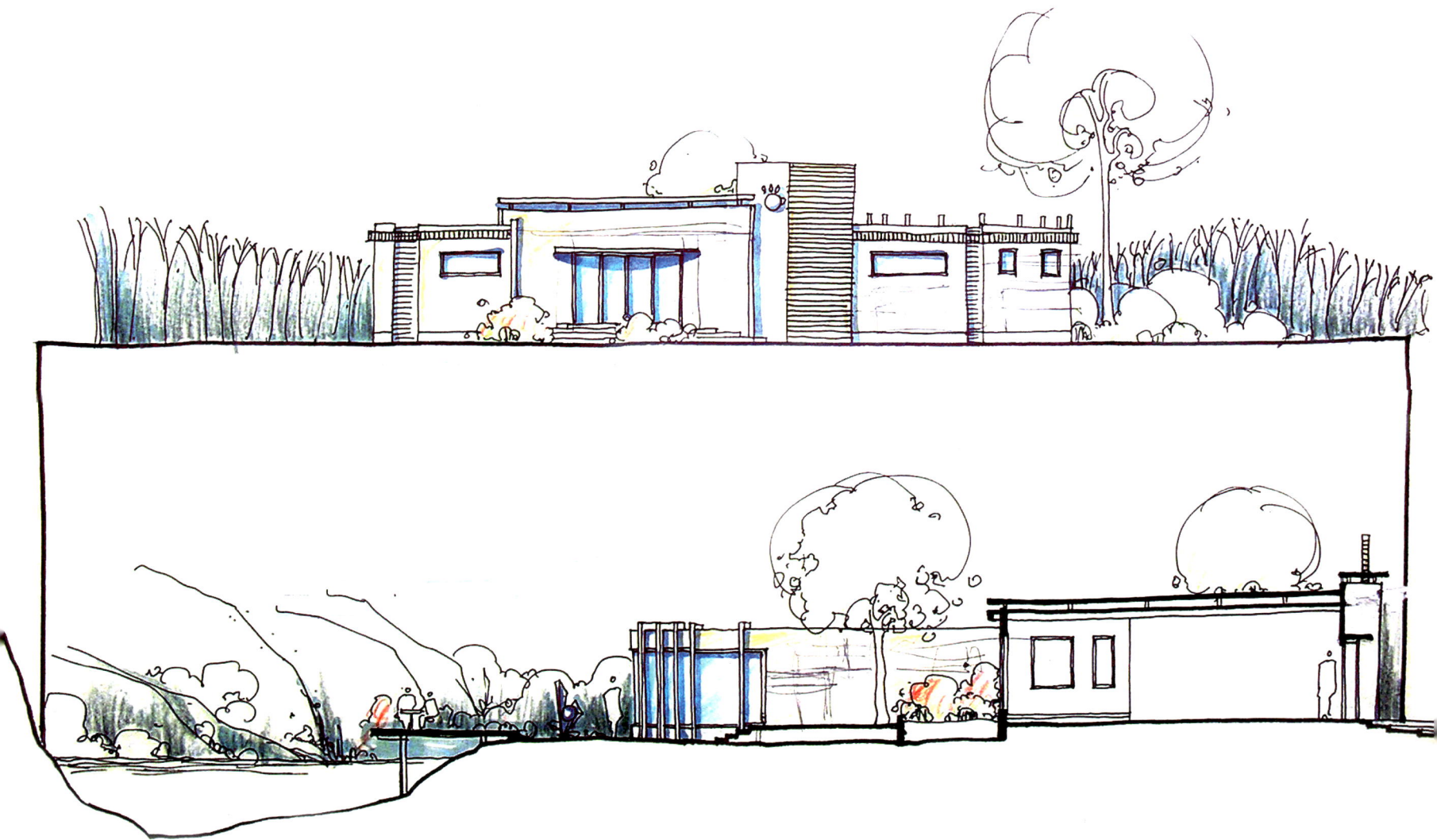

实例 22　北京林业大学城规 02-3 班　朱甜甜　茶室设计 -2　A3 图纸

优点：立面材质凝练中富有变化，采用木材贴面，与自然较好的结合，适合茶室的功能定位与设计地段；

　　　立面有重点与节奏的考虑，比例推敲较合适；

　　　剖面较清晰地表现建筑与环境的关系，与平面图基本对应，能表达方案最有特点的部分；

　　　配景基本能够实现表达设计意图，烘托建筑的效果；

　　　图面虽简单，但通过线条将剖面图与立面图相联系，使得画面构图丰满，有组织。

缺点：剖面图地面线有误；配景中远景树效果欠佳。

实例 22 北京林业大学城规 02-3 班　朱甜甜　茶室设计 -1　3 小时　A3 图纸

优点：构图较灵活，通过前景树、总平面等打破线框，具备设计感；单就效果图而言，构图右重左轻，但配以总平面，实现平衡；

　　　效果图近、中、远景搭配合理，表现充分，技法娴熟；

　　　效果图通过线条表现材质变化，创造画面的灰面；阴影面通过冷色加深表现；

　　　色彩运用精炼，恰到好处；

　　　图纸表现风格潇洒。

缺点：效果图中，建筑体块的阴影关系应进一步深入刻画，通过线条或颜色进一步强调。

2. 俱乐部、小客栈

　　俱乐部的规模、大小不一，这里以小型俱乐部建筑为例，重点强调小体量公共空间的设计要求。根据俱乐部服务群体的特征，建筑内外空间要注重标志性景观特色的设计处理。在此基础上，要强调多样的公共活动空间尺度的设计和氛围营造，满足不同数量的客人进行活动，其中包括可以合并成一个大空间的若干小空间。有的俱乐部需要更强调外部空间的设计，安排有专门的户外活动场、码头等设施。更有条件的俱乐部建筑选址于山清水秀的佳地，在这样的地段进行设计时，方案中需要考虑的就不仅仅是建筑物本身，而是风景建筑与环境相融合的一个整体，对设计水平的考验则是非常严格的。

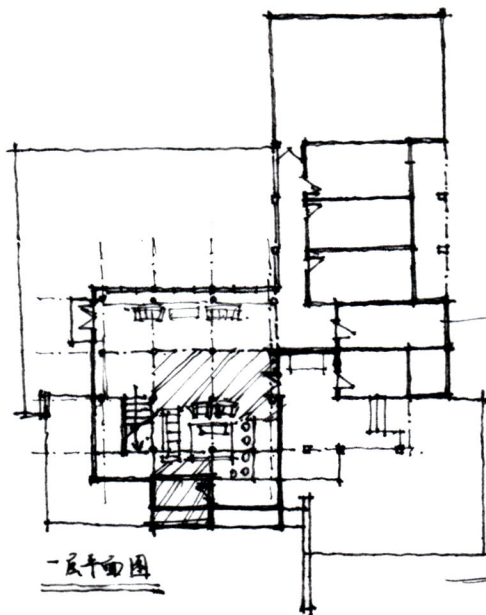

一层平面图

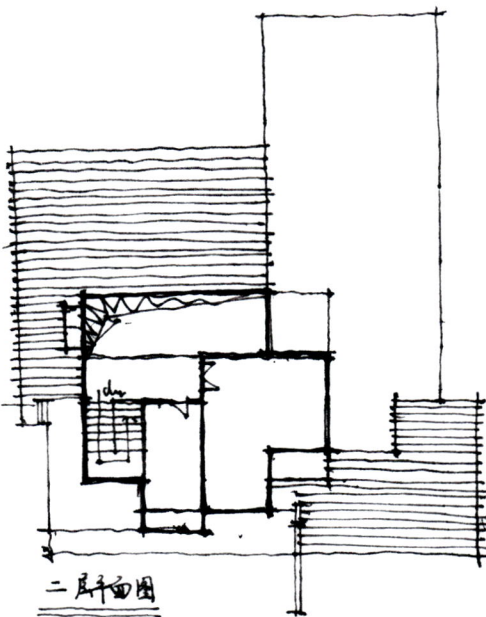

二层平面图

俱乐部设计草图
建筑规模：250-300m²
建筑风格：乡土风
建筑材质：木百页、毛石、玻璃、白粉墙

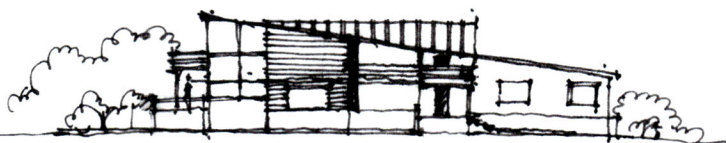

南立面图

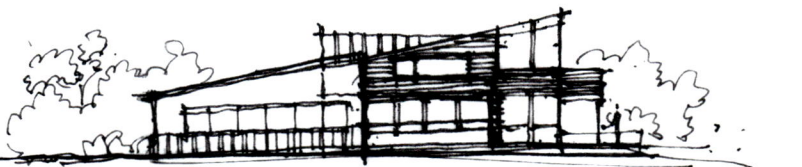

北立面图

西立面图

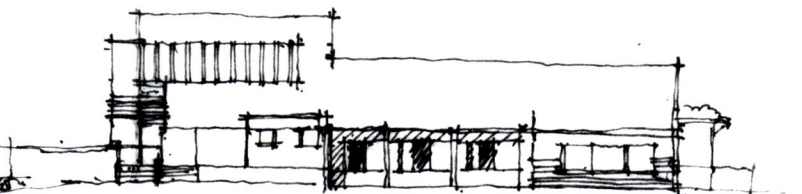

东立面图

实例 23 北京林业大学园林 01-2 班　滕晓漪　俱乐部设计　3 小时

优点：本方案功能布局基本合理；柱网关系的表达、徒手线条的绘制显示了较好的专业基本功；

　　　室内空间丰富，楼梯北侧设计了吹拔，形成上下贯通，实现视觉上的沟通；

　　　通过大屋顶将复杂的内部空间进行统一，形成斜线关系，丰富整体建筑造型；

　　　立面设计与表现丰富，通过进退实现虚实的变化，通过线条表现材质的变化，同时创造画面的黑白灰关系；

缺点：立面和细部设计还可以更简洁；平面局部柱网不合理，各房间名称未标出，造成不便读图；

在库克住宅原基址上，对库克住宅体现的"新建筑五点"加以充分的体现，按照功能与景观的不同层次需求进行设计。将楼梯与庭院结合，达到景观与功能结合。而屋顶花园具有两个层次，利用木质楼梯组织交通，使人俯视天井，将景观多样性展现出来。

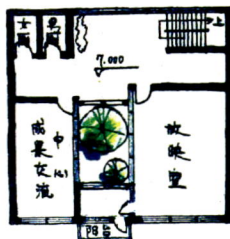

二层平面1:200

三层平面1:200

屋顶平面1:200

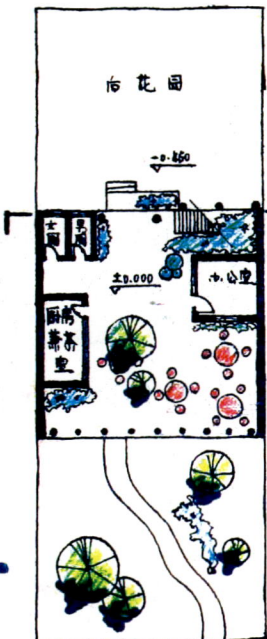

一层平面1:200

南立面1:200

北立面1:200

天井透视

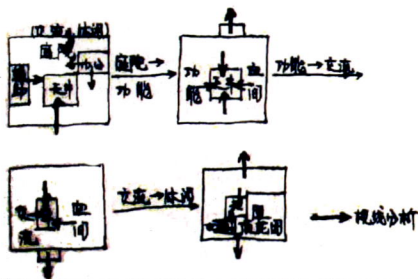

1-1剖面1:200

实例 24 北京林业大学城规 03-4 班　刘帅　摄影人之家 -1　库克住宅改造利用　3 小时　A3 图纸

本方案将住宅改造为兼具展览与交流功能的摄影人之家。

优点：新建筑五点得到较好的体现：底层架空，局部设计服务性功能空间；

　　　自由平面，一层为三个相对的空间，二层组织成统一的展示与辅助空间，三层为展示、放映与辅助空间，平面每层都有差异；

　　　自由立面，二层与三层设置了不同方向的阳台，同时由于放映厅的功能需要，局部做了抬高；

　　　带形长窗，南北立面及向中庭所开的窗户基本采用带形窗的方式

　　　屋顶花园，利用放映厅与其他空间的高度不同，创造不同高差的屋顶花园；

　　　功能分区较为合理，卫生间上下对位；

　　　建筑内部围绕树木展开，并利用树木创造中庭，与环境结合具有特点；

缺点：一层平面环境表达深度不够；二、三层楼梯表达有误；三层柱网有问题；立面室外小亭效果不佳；

　　　剖面没有必要的标高，屋顶出口缺少雨篷，屋顶女儿墙或围栏偏矮。

3. 接待室、公园管理处

　　风景区、城市公园中为方便管理、接待贵宾或旅游团体，常设置接待室或公园管理处。其建筑形式多采用低层院落式布局，发挥环境优势，塑造丰富的空间。在功能上常将零售、餐饮、接待、管理、如厕等融于一体，设计时注意动静分区：零售、餐饮等要求方便游客快捷到达，气氛热闹；接待、管理等则需要宁静、雅致的环境。

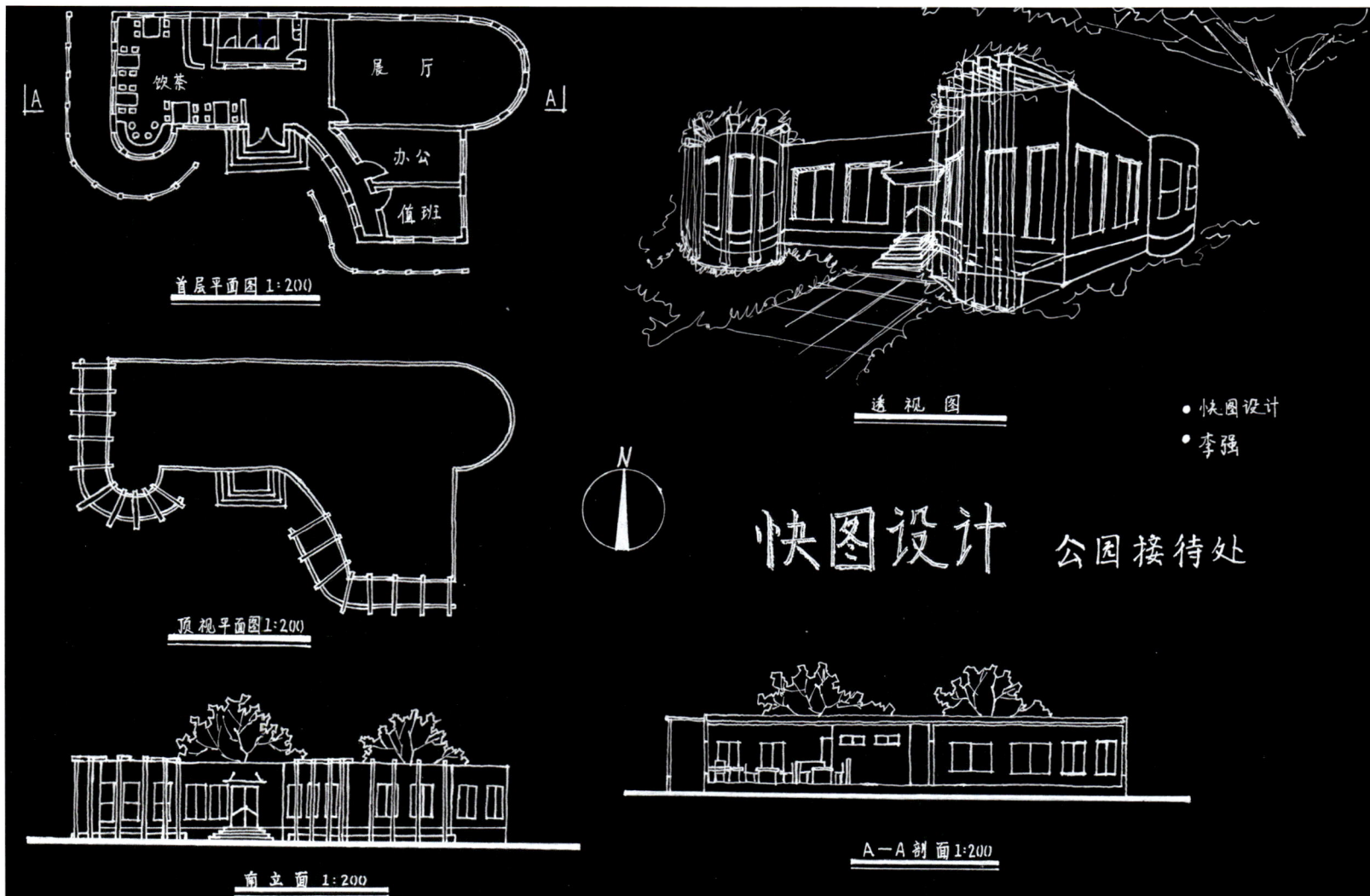

首层平面图 1:200

顶视平面图 1:200

前立面 1:200

透视图

快图设计

李强

快图设计　公园接待处

A—A 剖面 1:200

实例 25 北方工业大学城规 C6　李强　公园接待处设计　A2 图纸
优点：接待室结合布置餐饮与展览，设计厕所，实现建筑功能的综合性；
　　　首层平面布置室内家具，设计具备一定的深度；
　　　通过花架设计丰富立面，同时取得建筑与环境的结合；
　　　采用白色针管笔在黑卡纸上表现的方式，效果较明确。
缺点：办公室数量不够，且房屋形状不利于使用；立面配景表现不佳；剖面图地面线表达有误，卫生间部位不应对内部开窗；
　　　效果图局部透视有误，建筑没有明暗面的区分，配景层次没有拉开，整体效果不佳。

4. 游船码头

游船码头是提供游客上下船的建筑设施，同时具有休息、观赏功能。应选择在背风的港湾，以减少风浪的冲击。游船码头相对于水岸，有两种处理方式：第一，彰显，通过艺术的造型，创造突出的天际线，同周围的植物一并丰富水岸景观，并成为局部焦点；第二，隐藏，利用选址、地形、植物等手段，隐蔽于自然元素之中，形成堤岸整体的自然风貌。

游船码头一般由售票房、候船室、管理室、维修间、泊位等组成，有些码头的候船室就是观景场所，也有的码头同专门的观景平台、观景廊亭等结合设置。

实例26 北京林业大学城规 02-3 班
朱甜甜 游船码头设计 -1
3 小时 A3 图纸
（改绘自：黎志涛编著 快速建筑设计 100 例 北京：中国建筑工业出版社 例 17 游船码头设计）

优点：本方案通过总平面中水岸线进行构图，较好的将图面进行了组织；
立体构成感强，显示出作者较好的设计素养；
配景与颜色选择较为凝练、简洁，整体效果尚佳。

缺点：图中未能表明图名；立面门窗数量与平面图不对应，主立面图右侧类拱形廊的出现很突然；没有剖切位置和剖切符号，剖面图与平面图不对应。

实例26　北京林业大学城规02-3班　　朱甜甜　　游船码头设计-2（改绘自：黎志涛编著　快速建筑设计100例　北京：中国建筑工业出版社例17游船码头设计）

优点：近景的高大乔木用线条简单勾勒，创造框景，水面线条流畅、富有动感；

　　　将建筑置于中景位置，通过线条刻画受光面与阴影面，及材质关系，通过色彩重点强调，有利于形成画面焦点；

　　　远景概括表达，配以饱和度较低的颜色，与前景灌木形成呼应，烘托建筑加入天空、鸟儿等元素，活跃整体画面；

　　　整体色调协同中有对比，效果鲜明。

缺点：小卖部分砖的尺度过大，使建筑比例失衡；

　　　天空配景上色稍乱；建筑的光影关系可进一步细致刻画。

5. 展示建筑

（1）概念及基本特征

园林建筑涉及的展示建筑，是提供搜集、保管、研究、陈列、观赏有关自然、文化、历史、艺术等实物与标本的建筑，兼具收集保管、科学研究、文化教育（通过展品的展出）三大任务。相对于建筑学普遍意义上的博览建筑，此类展示建筑规模较小，展品内容丰富，自然因素居多，包括植物（如菊花展、盆景展）、雕塑、石景、科普（如昆虫标本、动物化石展）等；建筑与环境结合紧密，注重自然因素与建筑的交融，多采用组合式建筑围合院落的形式，建筑本身通过门窗洞口、廊架及出檐等手法实现室内外的结合。

（2）分类

园林建筑工作者在工作学习中可能接触的展示建筑包括博物馆、展览馆、美术馆、展览温室、纪念馆、陈列馆、盆景园、科普展示馆等类型。

（3）设计要点

展示建筑大多包括以下6个部分：藏品贮存、科学研究、陈列展出、修复加工、群众服务和行政管理，随着各建筑的任务性质的差异，各部分有不同的侧重，其相互间的关系如图3-2所示。

不同的展示建筑，功能关系有所差异，在园林展示建筑中往往较为简单（图3-3）。

在进行这类建筑的设计时应注意以下设计要点：

处理好流线、光线和视线眩光和反射眩光，并防止阳光直射展品。展品面的照度通常应高于室内一般照度，并根据展品特征，确定光线投射角。流线是重点，在设计时，应设置合理的观赏路线，避免迂回交叉，在流线上布置展品、休息、厕所等；光线处理也很重要，除特殊要求采用全部人工照明外,普通陈列室应根据展品的特征和陈列设计的要求确定天然采光与人工照明的合理分布和组合。陈列室应防止阳光直接照射到展品上。

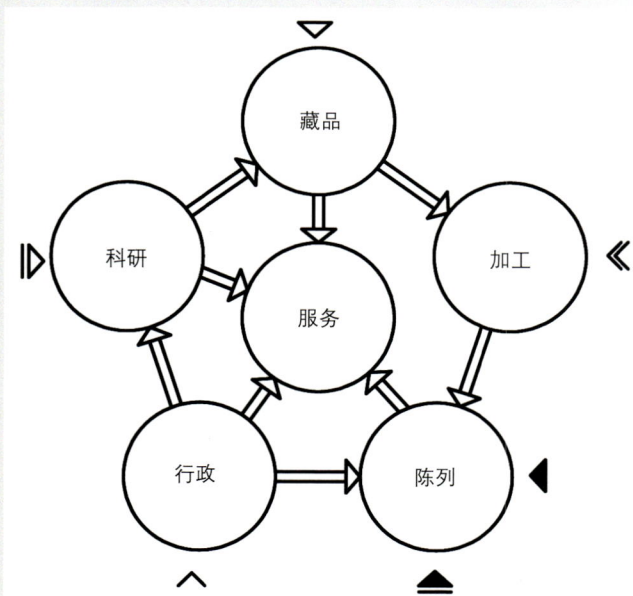

图3-2 展示建筑各主要组成部分关系图

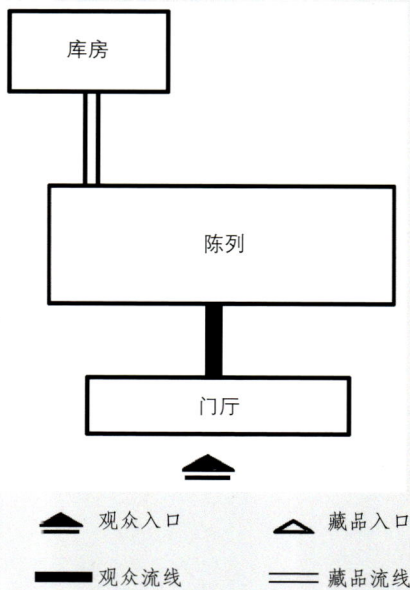

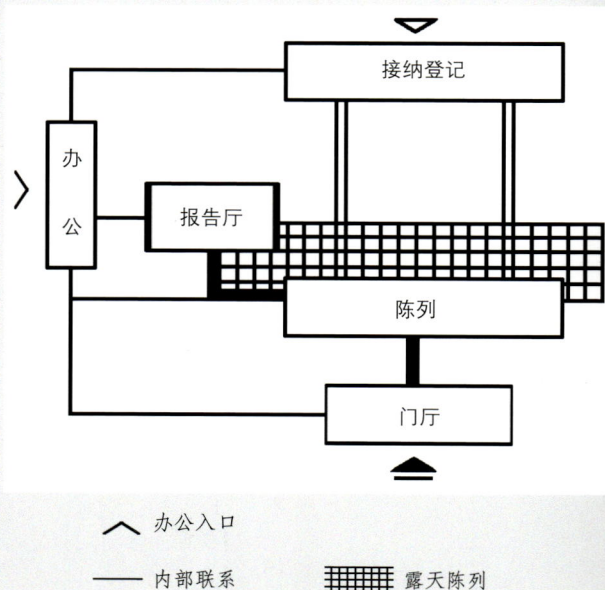

图3-3 展示建筑功能关系图

（4）实例

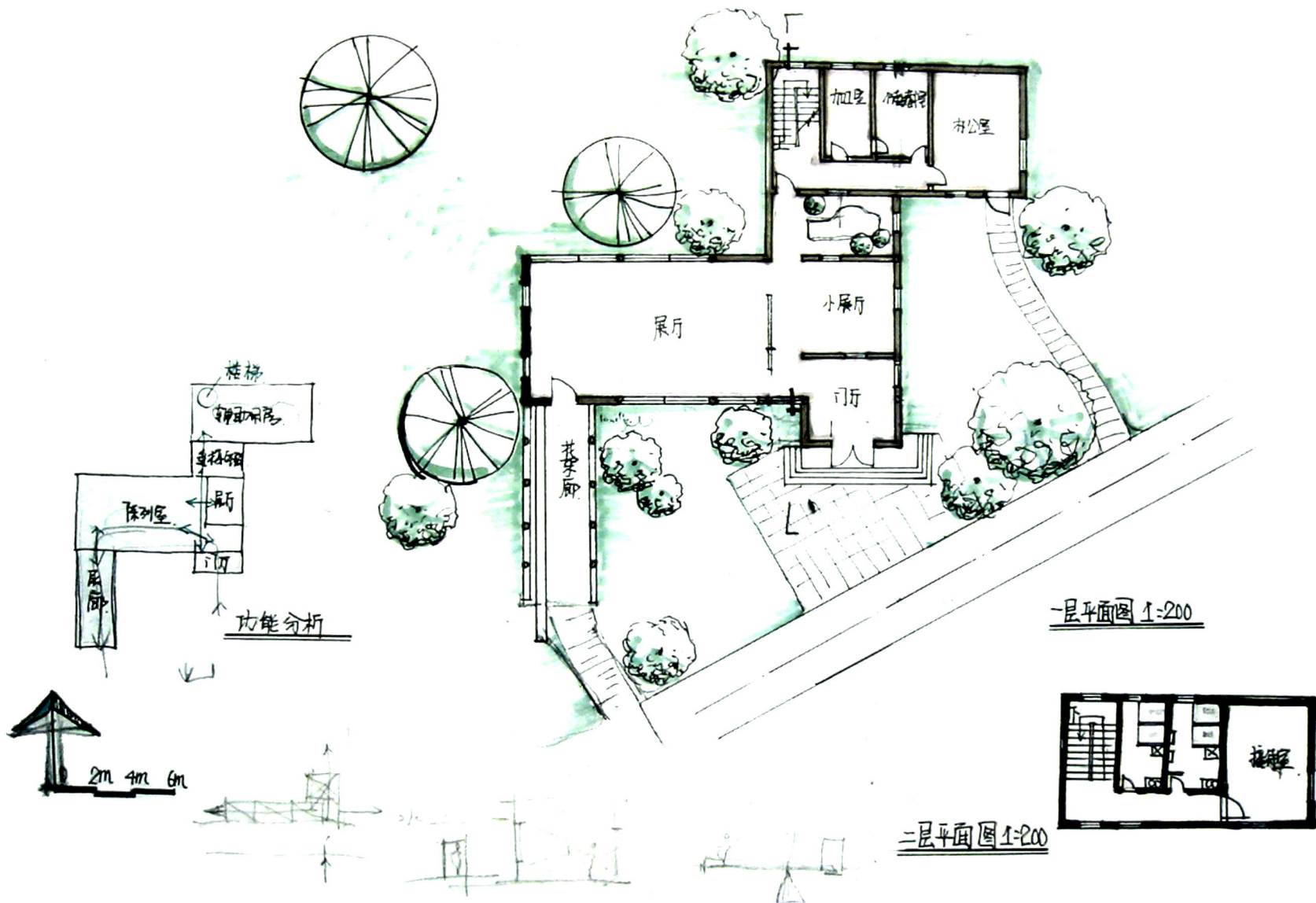

一层平面图 1:200

二层平面图 1:200

功能分析

2m 4m 6m

实例 27 北京林业大学城规 02-3 班　徐玲玲　展厅设计 -1　3 小时　A3

优点：功能分区基本合理，展示部分与办公接待部分通过院落加以过度，较好的实现了功能的分割；
　　　设计了室外展廊，并于建筑整体中插入院落，实现室内与室外的交融。

缺点：辅助用房流线组织不合理，办公室穿行严重，应设置单独的出入口；办公室出入口处没设台阶；
　　　二层卫生间的位置使得楼梯处参观人员与工作人员流线再次交叉，并且卫生间不应置于展品加工室与储藏室之上；
　　　室内的细部表现不够深入、不完整；
　　　建筑入口与周边道路的衔接处理单调而直白，缺乏层次；
　　　图纸表达不严谨，应标出室内与室外标高。

设计说明

1. 平面设计有明确的功能分区，陈列室与其他辅助用房分区布置。
2. 陈列室形式多样，且交通流线灵活。
3. 利用原有部件，并注重其与新构件的衔接。
4. 着重处理入口，形成较开敞的入口。
5. 着重处理入口，形成较开阔的入口。
6. 立面墙面材料丰富。

效果图

剖面图 1:200

南立面图 1:200

东立面图 1:200

2006年12月 徐玲玲

实例 27 北林业大学城规 02-3 班　徐玲玲　展厅设计 -2　A3 图纸

优点：图面大胆省略，单色渲染气氛，言简意赅；

整体造型有虚实处理，与环境有较好的结合；

立面材质有一定表达。

缺点：透视图局部有误；办公室出入口没有台阶、雨棚；效果图构图欠佳，右重左轻；效果图表现不够深入，体面与光影关系处理得不够细致；

剖面局部与平面图不对应，看到的窗未表达或表达不清晰；

主出入口部分表达有误；未表现必要的标高；

立面表现不过深入细致，局部与效果图不符。

Architecture Design

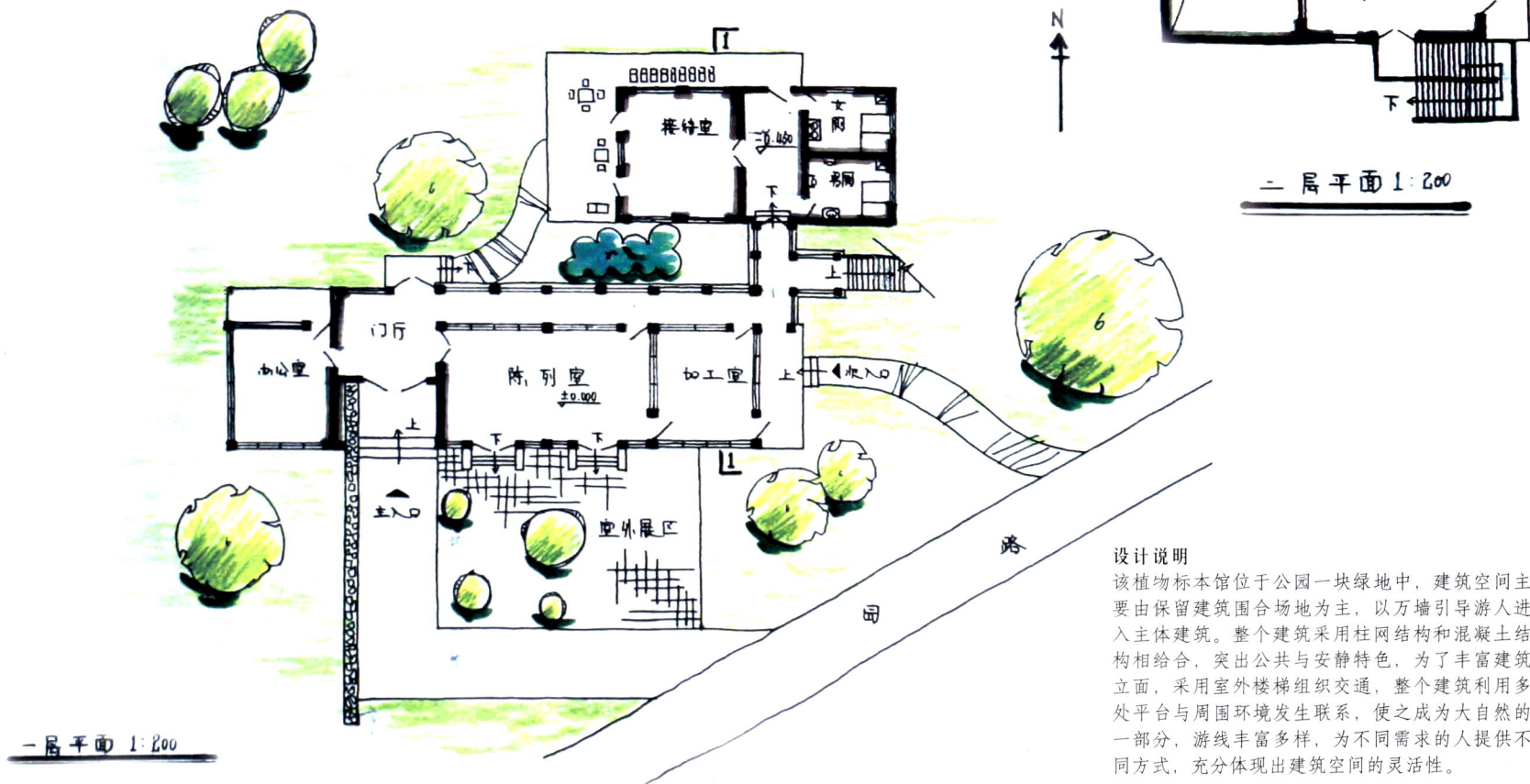

二层平面 1:200

一层平面 1:200

N

设计说明

该植物标本馆位于公园一块绿地中，建筑空间主要由保留建筑围合场地为主，以万墙引导游人进入主体建筑。整个建筑采用柱网结构和混凝土结构相给合，突出公共与安静特色，为了丰富建筑立面，采用室外楼梯组织交通，整个建筑利用多处平台与周围环境发生联系，使之成为大自然的一部分，游线丰富多样，为不同需求的人提供不同方式，充分体现出建筑空间的灵活性。

实例 28　北京林业大学城规 03-4 班　刘帅　植物标本陈列馆设计（二）-1　3.5 小时　A3 图纸

优点：功能布局、流线关系较方案（一）更加合理；参观路径较方案（一）更有组织，更加流畅；
　　　光线考虑更加符合展览建筑的功能要求；
　　　设置室外展示空间、观景平台及屋顶花园，与环境结合紧密；
　　　合理运用原有石墙，起到组织室外空间的作用；
　　　图面表达较方案（一）有较大进步；平面墙体、开窗的表达及配景草地、树木的表现都有提高。
缺点：办公室被严重穿行；男卫生间没有开窗；二层室内外高差未做正确表达；
　　　办公室入口与周边道路的关系未表现；
　　　二层平面图要将下层建筑的轮廓线以细实线标出；
　　　两个卫生间的厕位布置不便于集中设排污管道。

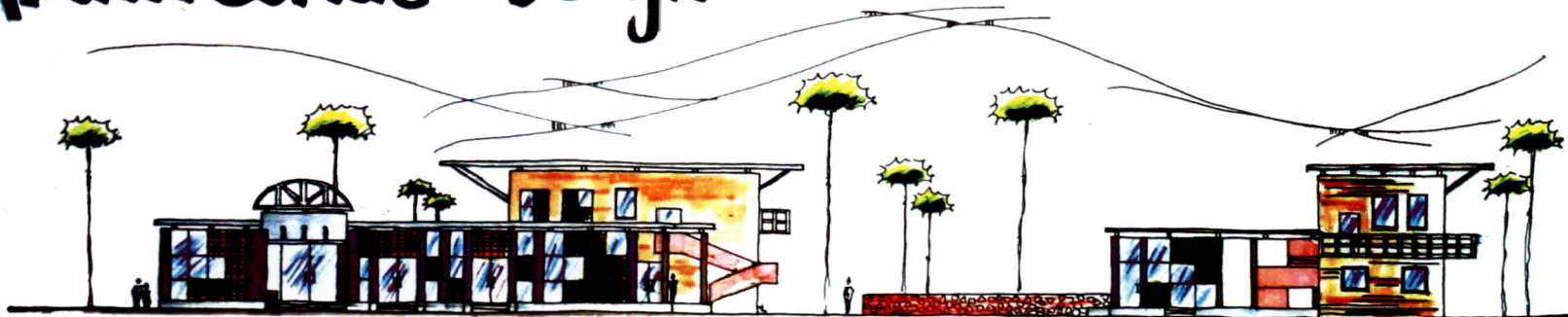

南立面 1:200   东立面 1:200

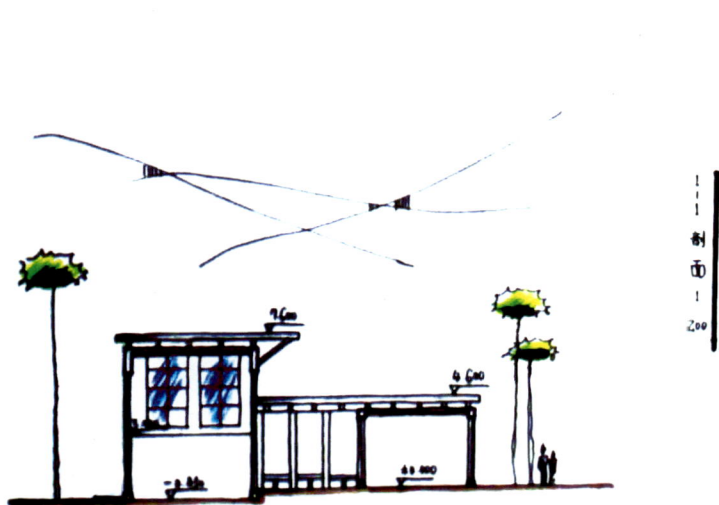

剖面 200

透视图

实例 28 北京林业大学城规 03-4 班   刘帅   植物标本陈列馆设计（二）-2

优点：整体排版有一定考虑；

　　　立面材质有一定表达；立面及剖面配景能起到一定烘托效果，并且有效地组织了图面布局；

　　　剖面表现了室内外高差与女儿墙。

缺点：透视图虽比方案（一）有进步，但仍不细致，且体量表达不清晰；

　　　剖面图表达有误，左侧展馆部分看线未正确表达或丢落，主入口门未画；剖面缺少必要的标高；

　　　立面屋檐表达有误。

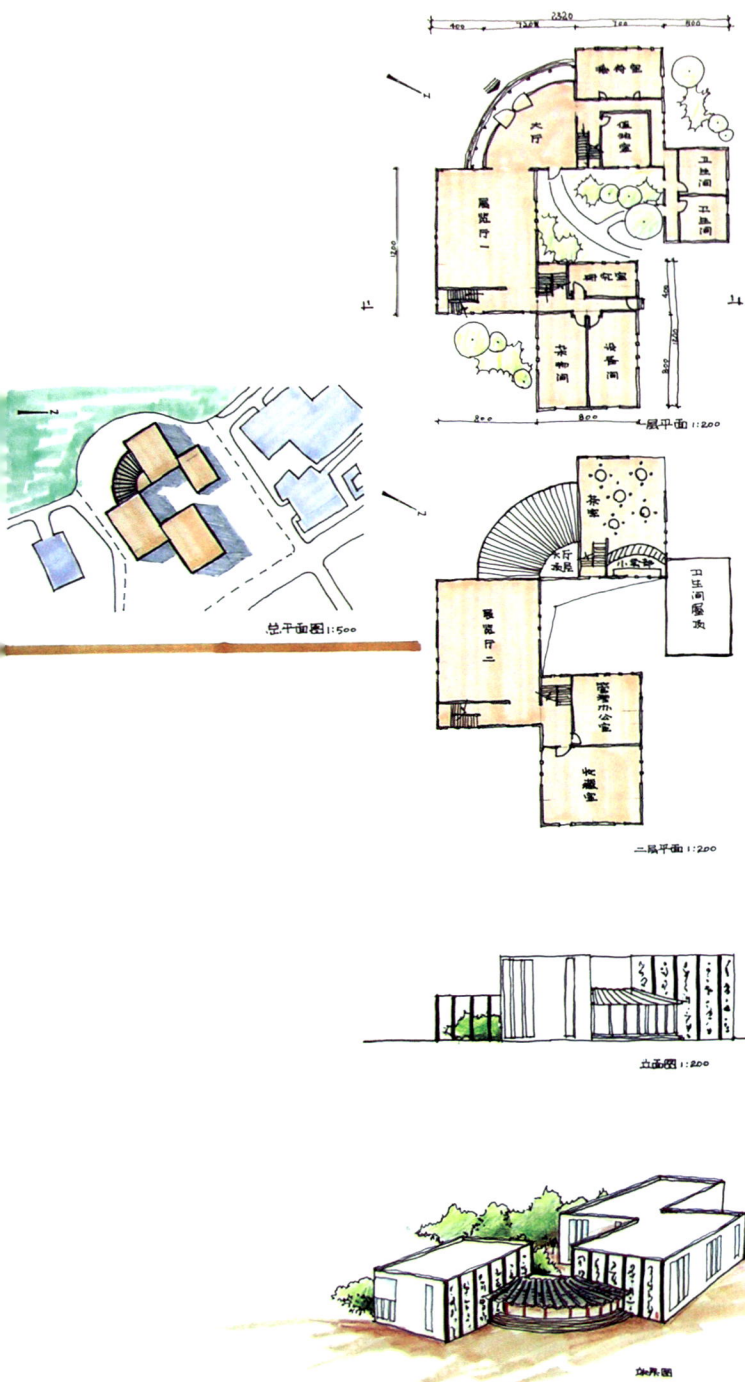

设计说明：

文房博物馆位置在什刹海东北岸，周围建筑以古建筑为主，通过对此地段的分析，大厅采用仿古做法，分为展览区、工作区、赏景区及卫生间是现代建筑，展览区大厅的朝向安排在最好的位置，赏景建筑则离湖最近，视野最为开阔。

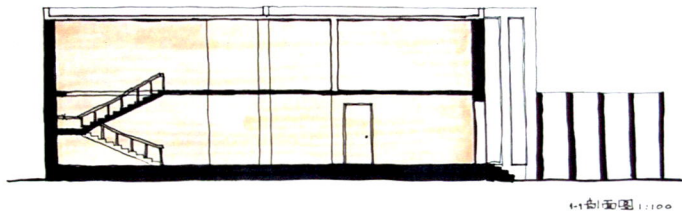

实例 29 北京林业大学园林 02-5 班 岳靖 博物馆设计 3 小时 A1 图纸

优点：平面形式与周边环境有一定的呼应；立面处理充分体现园林文化建筑的场所特点；

具备一定的表现与构图创新能力。

缺点：服务用房设置分散，造成流线交叉；卫生间独立设置，未提供室内联通路径，使用不便；

二层茶室相对隔离，交通流线不畅；

总平面未将建筑与周边道路的连接关系交代清楚；

平面楼梯数量过多，且表达有误；剖面图地面、屋顶及墙体多处表达有误；

立面表达方式单调，设计手法单一，效果欠佳；

效果图过小，配景元素贫乏，表现手法生疏，整体效果不佳；

构图不够饱满，图面整体丰富程度不足，显空泛。

6. 小型独立住宅

（1）概念及基本特征

这里所讨论的小型独立住宅是住宅的一种，面积较小，一般限制在500m²以内，2~3层，房屋四周临空，建筑平面有很大的灵活性。如独院式别墅、艺术家工作室等。

住宅可以算最早出现的建筑类型，其产生完全基于实际需求。随着科学技术的发展，人类精神需求的提升，独立小住宅的建设日益增多，且多出现在风景优美的自然景观之中，如乡村、山地、湖边、海边等地。使用者在此小住、度假，借以逃脱城市生活的喧嚣，贴近自然的恬淡，追求身体与精神的放松。对于设计者而言，独立小住宅是建筑活动最为活跃的试验田之一，它可以让创作灵感自由发挥。

独立小住宅的特点是平面布置紧凑，尽量缩小辅助面积，一般附带院落，结构较为简单，对地基要求不高，可采用地方性材料和工业废料，施工技术简单。

（2）设计要点

小型独立住宅的房间包括居住、辅助和交通三大部分。居住部分一般包括卧室（主卧、次卧、儿童房、客房等）、起居室、餐厅、书房、工作室等，辅助部分包括厨房、厕所、浴室等，交通部分包括门厅、走廊、楼梯等。

起居室是住宅的中心，用于接待宾客、家庭聚会等，一般靠近入口，并具有很好的朝向，有通向庭院或室外较好景观的出口，同时与餐厅有较便捷的通道。

卧室根据住户成员的情况而定，一般有供主人使用的主卧（带卫生间），给儿童使用的次卧，以及给客人使用的客卧，其中前两者的私密性要求要大于后者。卧室适宜选择良好的朝向，与卫生间有方便的联系。

起居室与卧室都可与阳台或室外平台结合，形成建筑与环境的交融。

在某些高标准小型独立住宅中，可设置客厅，将起居室中的会客功能分离出来，门可直接对着客厅，但不宜有交通穿行。

工作室根据适用性质不同，可选择不同的朝向，一般布置在较安静的区域。其中一类无危险、较安静的工作室，如书房、画室等，宜与卧室有较方便的联系。

厨房应有良好的自然通风，有门通向小杂物院，有时与次入口直接相连；另一侧与餐厅直接毗邻。

卫生间一般与浴室一并考虑，布置如下：主卧中配带卫生间，起居室、客厅、次卧、客卧等可共同使用一个卫生间。若层数大于一层，应注意设置时上下对位，以方便安装排水管道。

门厅是小型住宅的交通枢纽，起到过渡与转换的作用，可通过灯光、吊顶、铺装的变化来强调。走廊和楼梯占主要的交通面积，在独立小住宅中，一般尽量减少走廊与楼梯的面积。根据2003年版的《住宅建筑设计规范》，"套内入口过道净宽不宜小于1.20m；通往卧室、起居室（厅）的过道净宽不应小于1m；通往厨房、卫生间、贮藏室的过道净宽不应小于0.90m，过道在拐弯处的尺寸应便于搬运家具。套内楼梯的梯段净宽，当一边临空时，不应小于0.75m；当两侧有墙时，不应小于0.90m。套内楼梯的踏步宽度不应小于0.22m，高度不应大于0.20m，扇形踏步转角距扶手边0.25m处，宽度不应小于0.22m。"

除以上房间外，还可能设有车库、保姆用房、储藏间等。车库与主入口直接联系，或车库内有旁门直接进入住宅内部，家用轿车一辆车所占平面范围尺寸为（3~3.3）m×（5~5.5）m，车库净空高度大于或等于2.2m。保姆用房适合与厨房有直接联系。储藏间可设置在采光通风相对较差的位置(如楼梯下)，以充分利用空间。

（3）实例

南立面图

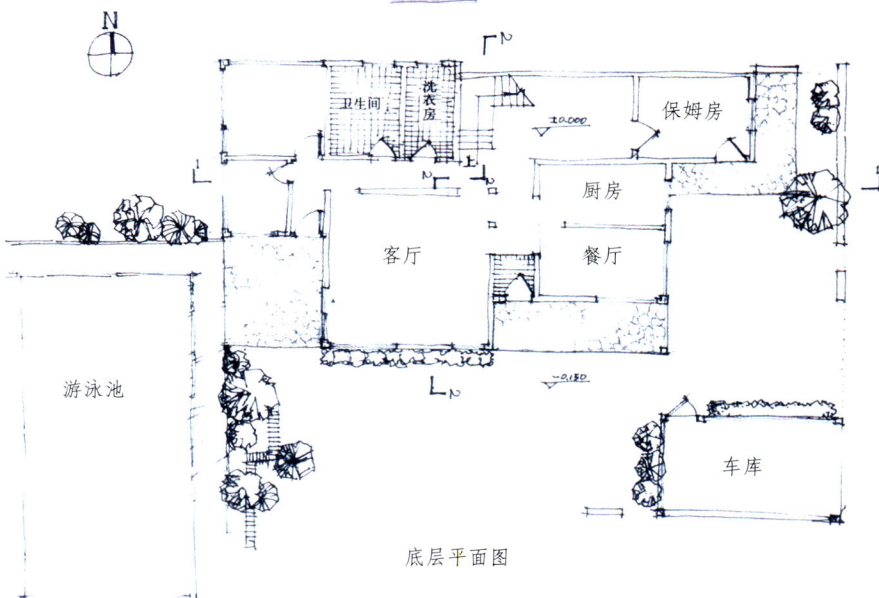

底层平面图

东立面图

1-1 剖面图

实例30　小住宅设计（引自：建筑设计快题与表现　孙科峰等编著　北京：中国建筑工业出版社）

优点：本方案功能分区合理，通过上下层区分公共与私密性，以客厅为中心布置厨房、餐厅等空间，同时保姆房与厨房、洗衣房联系紧密；

　　　交通流线通畅，车库开门，可直接进入门厅或保姆房，楼梯靠近住出入口，方便快捷；

　　　平面表达了室内外部分铺装形式，室内外标高，剖切符号，局部室外环境，如游泳池等，内容详实，表达深入；

　　　立面图通过颜色、线条表达不同的材质变化，配景树木表达地域特色；

　　　效果图与平、立面图对应关系较好，整体氛围表达清晰。

缺点：剖面图地面概念表述不清；立面可进一步作简化处理；缺少比例尺度。

7. 入口建筑

（1）概念及基本特征

入口建筑是位于两个区域或多个区域之间的节点建筑，多出现在建筑群或风景区的入口处，它的存在使区域得以突显。入口建筑包括大门及相应的服务建筑，具有标识、穿行、隔断、围合、防御、纪念等功能，用于组织划分空间，管理控制车流、人流等。入口建筑的标识性具有双重性，对于周边环境而言，它可以成为参照点，在一定范围内起到导向作用；对于所服务的区域，可以用以控制边界。

（2）分类

根据入口建筑所服务的区域进行分类，大致可分为行政办公类入口建筑、经济类入口建筑、教育类入口建筑、居住类入口建筑及文娱类入口建筑。不同类型的入口建筑，其建筑风格、特点各异。在具体工作中，各种类型的入口建筑都可能遇到；在冠林建筑考试中，多以文娱类入口建筑为主。

①行政办公类入口建筑

多从属于省、市、区的各行政机关，着重表现庄严、平等、公正、合理等特点，色彩、材料等严谨、稳重。

②经济类入口建筑

服务于从事商品生产、流通、交换等活动的经济团体机构，具有较大的广告效应，常通过抽象方式将企业文化符号化。

③教育类入口建筑

主要指从属于教育活动的学校，如幼儿园、小学、中学、大学等，此类入口建筑强调文化性。根据使用者的年龄差异，入口建筑的特点各有不同。幼儿园的使用者是幼小儿童，其入口建筑的尺度较其他类入口建筑要小，同时设计从儿童的生理、心理特点出发，色彩造型丰富，注重营造欢快活泼的气氛；而大学的入口建筑，其使用者文化水平较高，强调文化氛围的塑造，常突出院校的建筑特色、教学特点、历史文脉、时代精神等。

④居住类入口建筑

主要是居住小区的出入口，多强调生活气息，讲究尺度宜人、亲切，材料多用板、瓦、木、砖等，给人以温暖亲切的感觉。也有某些高档社区，通过入口建筑尺度、材料形式的变化，塑造豪华、气派的氛围。

⑤文娱类入口建筑

所从属的区域内多以文娱、文体等活动为主，其中主要是公园、风景区的入口建筑。从活动目的上进一步划分，可分为观赏游览性与纪念性两类：观赏游览性公园、风景区入口建筑是公众聚散的场所，前方多设有广场、停车场等，倾向于表达欢快活泼的气氛；纪念性公园建筑具有歌颂、表彰功能，富于永恒、怀念、历史等内涵，其设计庄严、肃穆，具有纪念性，多采用对称式布局，多以石材等坚固耐久性材料建造。

（3）设计要点

设计此类建筑应注意车流、人流的疏导。保证消防车辆的通行，净高和净宽不应小于4m；门垛之间的净宽不应小于3.5m。在室外一人通行的距离是0.75m，两人是1.5m，三人是1.8m。一般入口有人车混行、与人车分行两种组织方式。

入口建筑间具有值班、传达、售票、收票等功能，有时设有广播、零售、厨房、值班人员卧室等房间。应保证其视线的通达与人员进出的便捷。

在满足基本功能的基础上，注重标志性的塑造，通过高度、色彩、形体等手段进行创造。

（4）实例

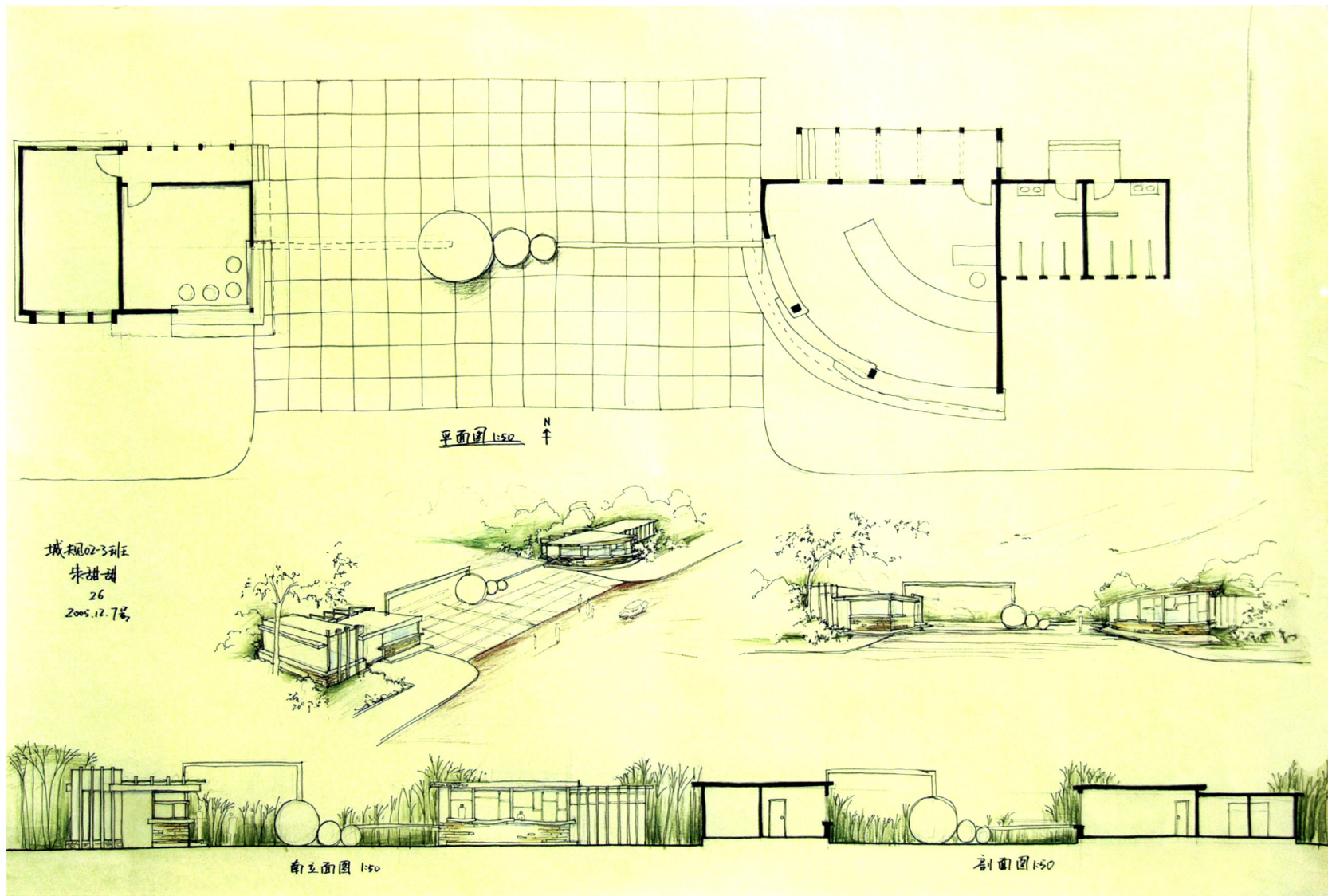

平面图 1:50

南立面图 1:50　　　　剖面图 1:50

实例 31　北京林业大学城规 02-3 班　朱甜甜　大门设计　3 小时　A1 图纸

优点：采用角窗或者弧形窗，创造宽广的视野，符合建筑的功能需求；

通过廊架创造空间序列，实现建筑与环境的交流，使建筑更加园林化；

立面设计左右呼应，表现了材质，有段落章节的划分；

两个透视图能较好的反应设计意图，有一定的艺术效果；

整体色调协调统一。

缺点：平面图铺装砖过大，比例失调，使场地显得小于实际尺寸；平面图缺少必要的文字说明，表现稍显粗糙，不够细致深入；

立面局部比例与平面图、透视图效果不符；缺少剖切符号，剖面图屋顶没有考虑排水问题；缺少标题字及必要的文字说明。

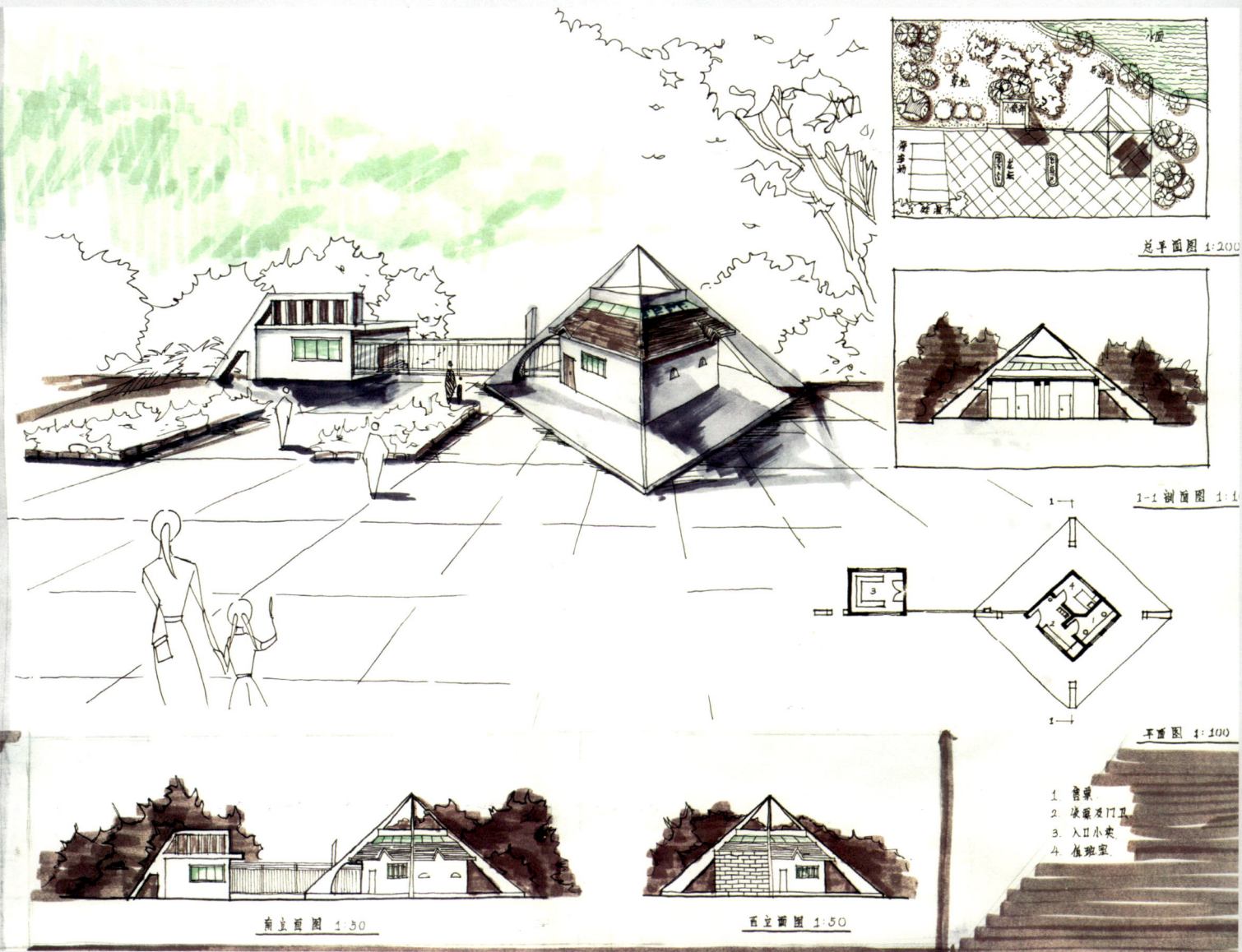

公园大门设计

总平面图 1:200

1-1剖面图 1:1

平面图 1:100

1. 售票
2. 快餐及门卫
3. 入口小卖
4. 值班室

南立面图 1:50

西立面图 1:50

实例32 北方工业大学 梁雯 公园大门设计 （改绘自：王晓俊等编著. 园林建筑设计 南京：东南大学出版社，2003.12）

优点： （本例方案摘自《园林建筑设计》，排版、手绘、上色由同学完成，对于初次的快速建筑设计练习，此种方法值得借鉴。）

从整体表现来看，有一定的构图能力，层次分明，主体突出；图面整体色调协调统一；

透视图配景做线描，简化处理，建筑通过色彩表现明暗关系，有一定特点；

从方案来看，功能分区合理；交通组织通畅，人车分行，较为安全；

四棱锥的造型独特，具有标识性；左侧小卖通过架子实现与右侧四棱锥的形体呼应。

缺点：马克笔应用不够熟练，底部用于构图的水平排列成斜线的表达稍显突兀、优待推敲；

透视图右侧稍重，有些失衡；立面配景不利于建筑形体的显现。

西大门入口效果图

实例33（引自：快速建筑设计与表现　孙科峰等编著　北京：中国建筑工业出版社　西大门设计）

评价： 本方案体现了在园林建筑中，一类入口建筑的特点，其功能极简单，重点在于入口氛围的塑造。本设计通过置石创造前续的引导空间，形成两侧围合感较强的廊道。在表达方面，马克笔运用较娴熟，平面树、石表现丰富，色调协调统一。

西大门入口平面图

8. 观景建筑

（1）简介

在园林或风景区中，常出现专门供人休息、观赏或者游览的建筑。此类建筑多根据游览路线，景点需要而建。休憩类建筑一般设有可遮雨的屋顶与座椅；观赏、游览建筑一般视野较好。

（2）设计要点

休憩、观赏、游览类建筑的设计重点解决建筑与环境的关系，对视线的设计尤其重要，一般都有好的对景。内部功能可根据需求而定，可建成集零售、厕所等于一体的综合性建筑，也可是单纯的亭。

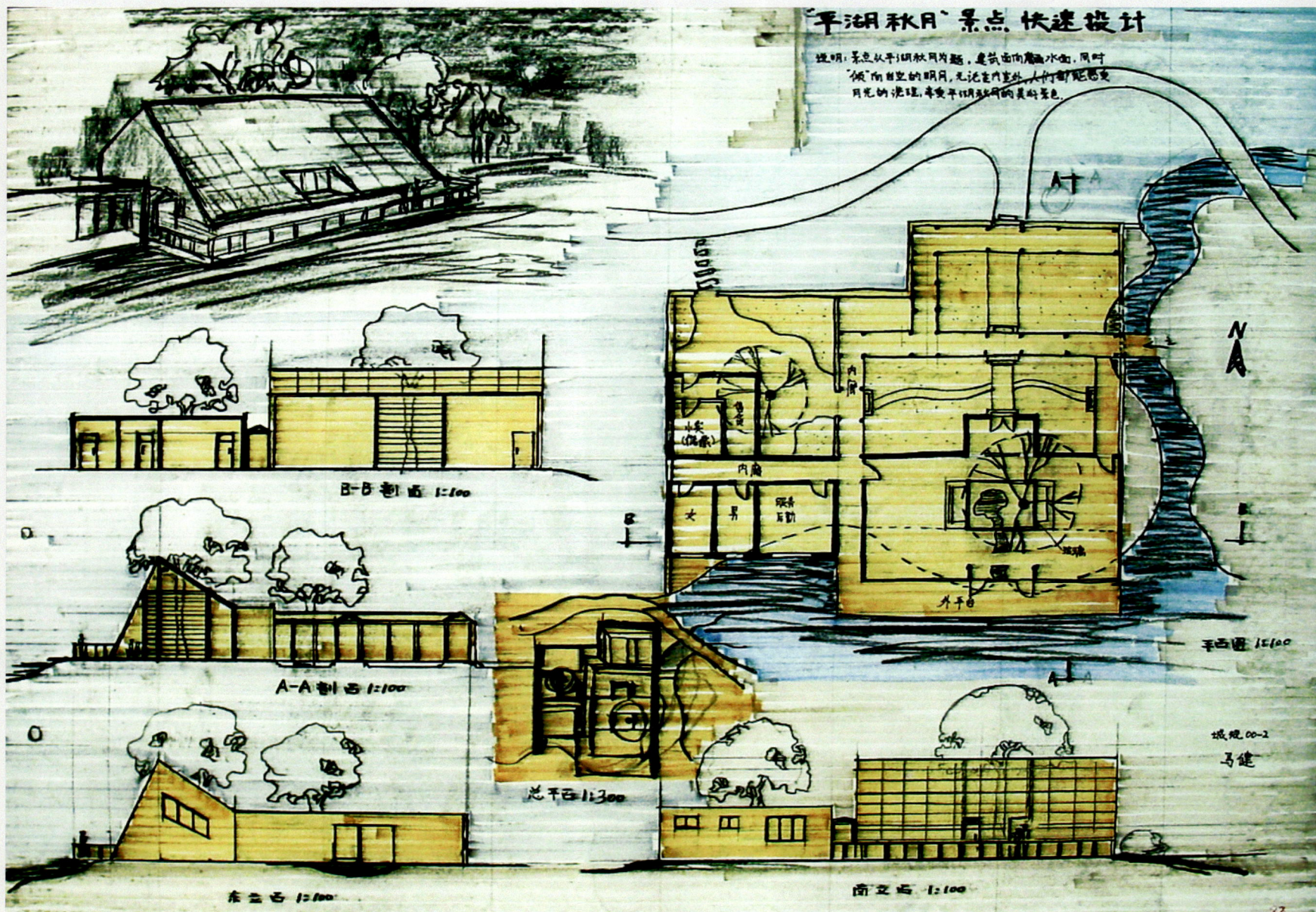

"平湖秋月"景点 快速设计

（3）实例

← **实例 34** 北京林业大学风景园林 00-2 班　马健　观景建筑设计　3 小时　A1 图纸

优点：功能分区明确，零售部靠近周边道路，观景建筑与服务建筑分开设置；流线关系清晰，较合理；建筑布局与环境结合较好，傍水而建，同时创造大小庭院，增加景观层次，实现小中见大，符合观赏游览建筑的特点；

空间塑造、形体的起落具有特色，大坡屋顶的运用，使得建筑具备历史与时代的双重特点，也使建筑本身的标识性增强；

线条基本功较扎实，表现较好，色彩冷暖对比，效果鲜明；透视图采用炭笔表达，有一定特色；构图饱满。

缺点：总平面图未能清晰表达建筑与周边环境的关系；立面如将材质作进一步表达，效果将更好；缺少必要的高程标注；标题字不够醒目。

设 计 说 明

景点以平湖秋月为题，建筑面向水面，同时"倾"向当空的明月，无论室内室外，人们都能感受月光的浇灌，享受平湖秋月的美好景色。

实例 35 北方工业大学城规 06A-2 班　于猛　现代亭设计
改绘自王晓俊等编著　园林建筑设计　南京：东南大学出版社，2003 12

（本例方案的排版、手绘、上色由同学完成，对于初次的快速建筑设计练习，此种方法值得借鉴。）

优点：从表现来看，整体图面采用淡彩表达，清新亮丽。图面通过点、线构图，通过水面将透视图与立面图等相联系，自然中存在秩序；透视图效果鲜明，光影关系表达较好，通过不同笔触表现材质，刻画较为深入；

从方案来看，建筑造型活泼，符合园林建筑的特点；

选择混凝土、钢管、玻璃等材料，建筑具有现代感；平、立、剖面表达深入细致，有必要标注。

缺点：透视图背景树勾绘有待进一步提高；总平面表达效果欠佳。

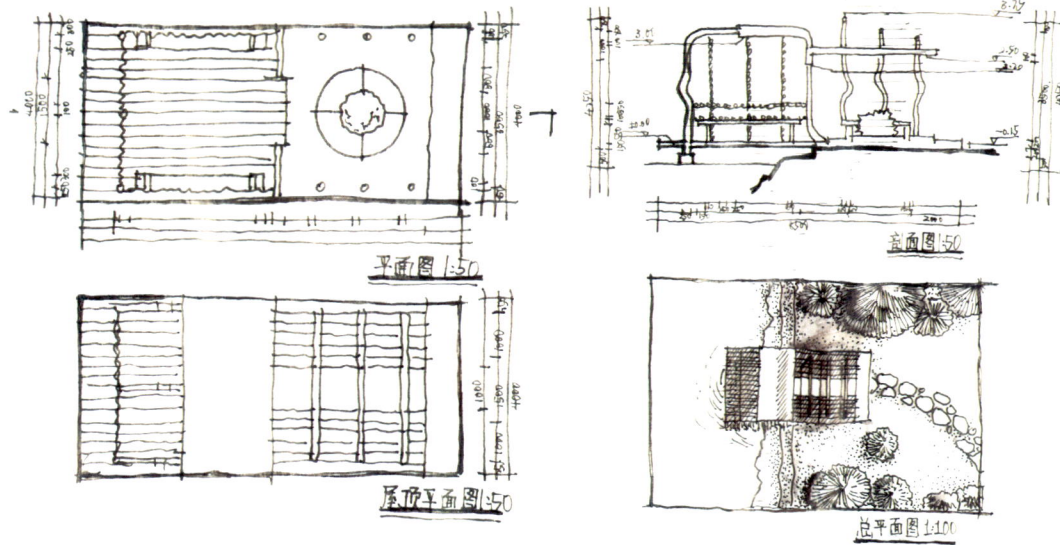

景亭快速设计

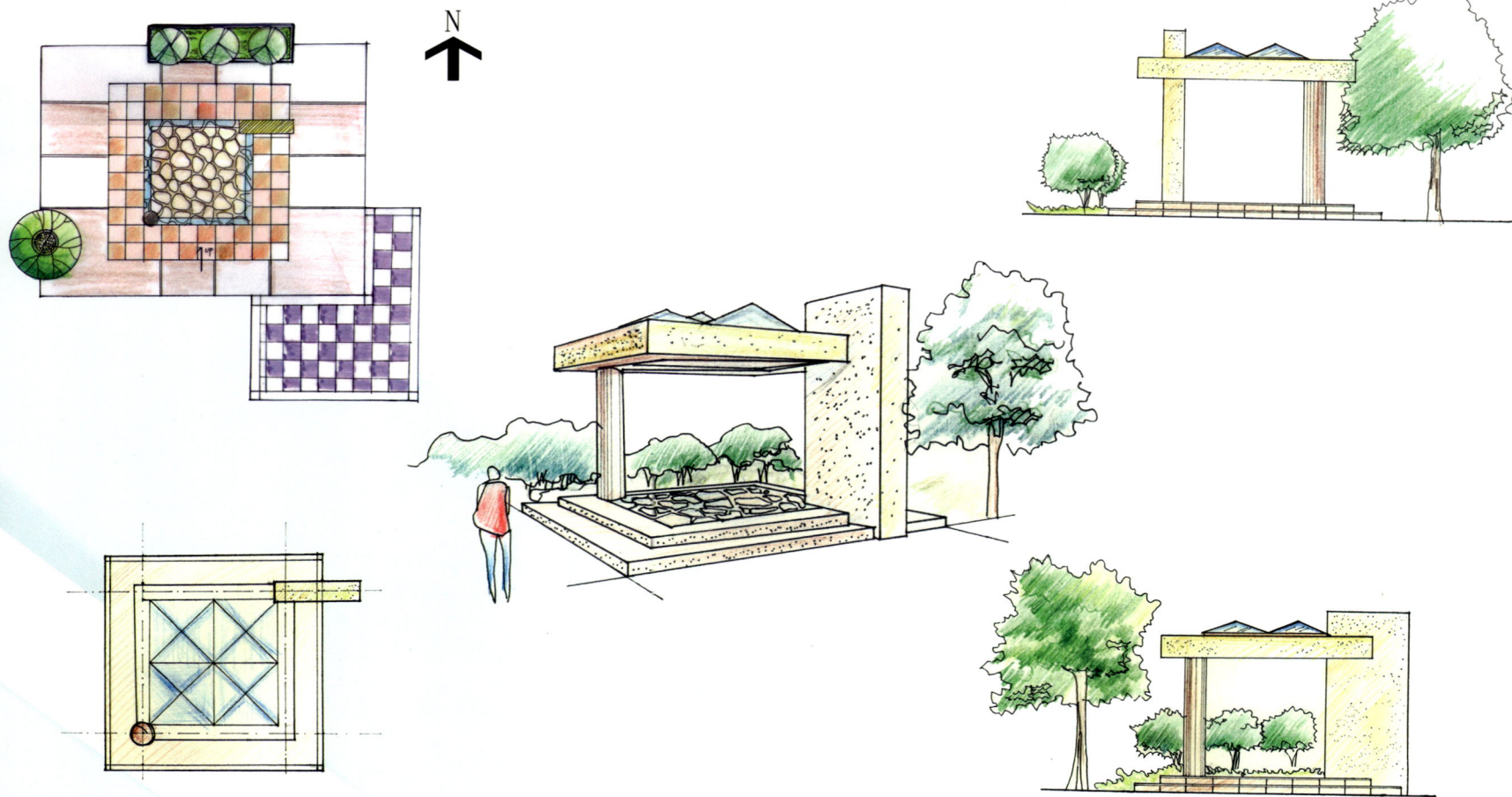

N

实例 36 北京林业大学园林 99-1 班　邓炀　景亭设计　3 小时　A3 图纸

优点：方案简洁大方，现代感较强；

　　　平、立面将植物作为设计元素一并考虑，具有整体感；

　　　平面表达具有园林特色，将铺装作为设计内容，刻画较为丰富、深入；

　　　图面表现整洁、线条清晰。

缺点：图面构图较空泛，没有周围场地环境的表现；效果图内容还需丰富，配景（树木、铺地等）的比例失真。

　　　没有必要标注，如标高、材质等；

9. 公共厕所

公厕设计要求前室与蹲位应适当分开，避免视线交叉，以达到洁污分离的效果。

蹲位的基本尺度，如图3-4所示。

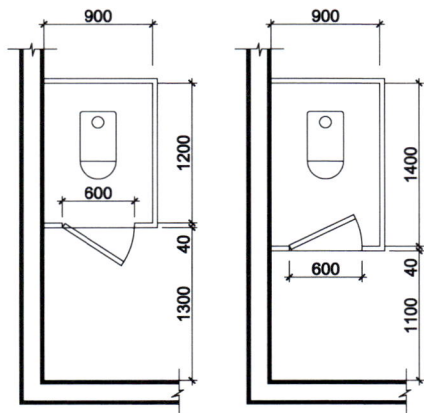

图 3-4 厕所基本尺寸

实例 37 北方工业大学城规 06A-2 李强 公厕设计 3 小时 A3 图纸

优点：建筑造型简洁；立面引入色彩，增强了建筑的可识别性；
设计基本尺度正确，采用高窗形式，满足公厕的性质要求。

缺点：平面存在着空间的浪费；室内洁污的隔离处理效果不佳；
流线组织不通畅；没有无障碍设计；剖面图地面线表达有误；立面图比例划分有待推敲；
平、立面配景树木效果不佳；透视图缺少近景，层次单薄，远景树木形式选择不佳；
对环境因素的考虑稍显不足；
没有图名、比例及设计说明；图面稍空旷，不够饱满。

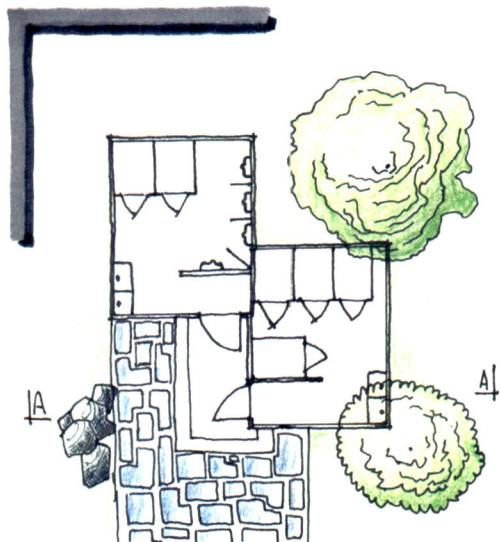

公厕设计

● 李强
● 快题设计

首层平面 1:100

10. 摄影部、书报亭

摄影亭建筑设计图

设计说明：
1. 平屋顶开天窗，既增强了大厅内的光线强度，又利于建筑外形的美观。
2. 建筑入口处的整墙内最佳视野位置用以张贴海报，美观大方。

说明：
① 摄影亭 ② 小型广场
③ 花架   ④ 小型花架

总平面图 1:200

设计目的：
1. 初步掌握建筑平、立、剖画图的画法。
2. 了解基本的空间尺度与尺寸。
3. 初步认识园林建筑的功能问题。
4. 初步认识园林建筑与场地环境的关系并学习处理方法。

摄影亭建筑效果图

平面图 1:50

说明
① 大厅 ② 营业室 ③ 工作室 ④ 贮藏室 ⑤ 休息室

东立面 1:50

南立面 1:50

I-I 剖面 1:50

实例38 北方工业大学城规06 浦晨霞 摄影亭设计 A2图纸（改绘自：王晓俊等编著. 园林建筑设计 南京：东南大学出版社，2003.12）
（本例方案的排版、手绘、上色由同学完成，对于初次的快速建筑设计练习，此种方法值得借鉴。）
优点：从表现来看，图面上下通过不同宽度的横向线条进行图面的划分，右侧放置总平面图及说明文字，并以统一的色调背景创造纵向元素，
　　　与横向线条相支撑，构图较为均衡。
　　　从方案来看，后台与前台功能分区明确；交通流线通畅；建筑造型活泼，具有园林建筑的特色；
　　　总平面中对室外环境进行了交待，周边环境较为清晰。
缺点：一层平面局部窗户在绘制时有丢落；效果图稍小，明暗关系处理不佳，环境表达有欠缺；
　　　配景表现不佳；马克笔的运用不够娴熟。

透视图

实例39　书报亭设计（引自：黎志涛编著　快速建筑设计100例　北京：中国建筑工业出版社　P33）

优点：整体构图较好，将建筑置于中景，前景通过左侧草坪灯与右侧若干层次的植物形成；

　　　前景中，左侧上端通过几片孤立的叶子形成框景的一部分，下端通过掩映在植物中的草坪灯构成；右侧高大乔木上端高过建筑与远景树木，下端隐藏在灌木丛中，使得前后层次丰富、表达清晰，空间感较强；

　　　中景建筑活泼自由，与园林环境关系协调，通过架空廊与大玻璃实现与环境的融合；在表现方面，建筑结构清晰，明暗关系通过色彩与线条加以表现，效果较好；

　　　远景中，树木依然乔灌层次分明，右侧建筑背景处的树木处理成暗色调，以烘托建筑；再远处高大的楼房，出现在树冠之后，通过勾勒边界进行表达，概括明了；

　　　钢笔画功夫深厚，线条流畅优美；色彩运用概括、清雅。

11. 小品设施

（1）简介

此类建筑是园林建筑中独有的一类，包括花架、景墙、乔、

指示牌、地标等，以装饰园林环境为主，注重外观形象的艺术效果，兼有一定使用功能，起到引导、交通、标识的作用。

（2）实例

廊架平面图 1：50

廊架正立面图 1：50

廊架侧立面图 1：50

廊架透视图 1：50

实例 40 北京林业大学园林 99-1 班　邓炀　廊架设计　3 小时　A3 图纸

优点：本方案小品设施与植物交融，属于典型的园林建筑；
　　　廊架设计简单大方，方便施工与批量生产；
　　　采用防木材为主要材料，贴近自然，适合用于室外。
缺点：应有必要的尺寸、标高的标注；
　　　限于设计内容，图面稍空；
　　　透视图中配景层次可进一步加强。

花 架 快 速 设 计

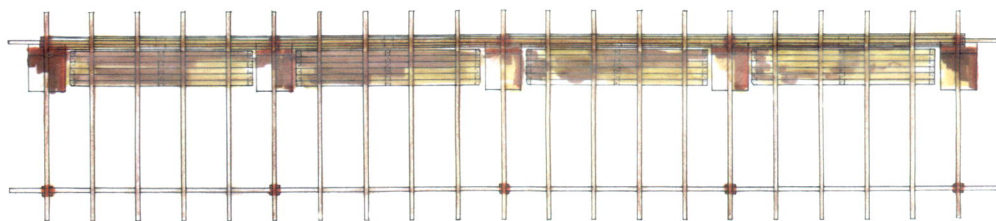

花架俯视平面图 1∶50

花架透视图

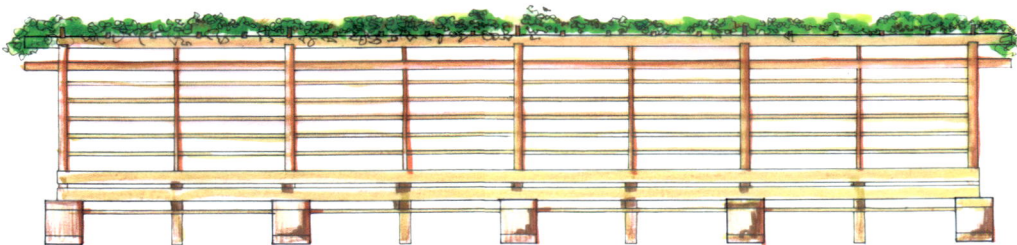

花架平面图1∶50

花架侧立面图 1∶50

实例 41 北京林业大学园林 99-1 班　邓炀　花架设计　3 小时　A3 图纸

优点：本方案花架中设置座椅，能起到休憩的功能；
　　　立面图中通过配景人的出现，为花架的尺度提供比例参考。

缺点：效果图缺少层次，没有近景的处理，图面显得单薄；
　　　没有必要文字说明及尺寸、标高的标注。

12. 其他

（1）简介

以上介绍的类型无法囊括所有的园林建筑，还有很多其他功能的建筑，如综合类、观景构筑物等功能叠加的建筑或者功能发生改变的改造建筑等，下面通过实例进行简单探讨。

（2）实例

实例 42 北京林业大学城规 03-4 班　刘帅　花艺馆设计（一）-1　4 小时　A3 图纸

本方案为兼具展示、加工、营销功能的花艺馆的设计。

优点：本方案为兼具展示、加工、营销等综合功能的花艺馆设计；功能布局基本合理，交通流线基本通畅；

设置天井与屋顶花园，通过纵向与横向自然元素的引入，实现室外环境的交融。

缺点：室内分隔过多，并且使用了实墙，导致空间更为狭小和封闭；

经理办公室与员工更衣室对调更为合适；主语出入口缺少台阶、雨篷；平面图没有表现开窗；

一层入口大厅空间过大，有浪费；库房里出入口过远，或者应设置单独出入口；

卫生间长宽比例不合适，室内布置尺度不利于使用；

屋顶平面楼梯表达有误；盆花销售部室内净空过高，长宽与高度不成比例。

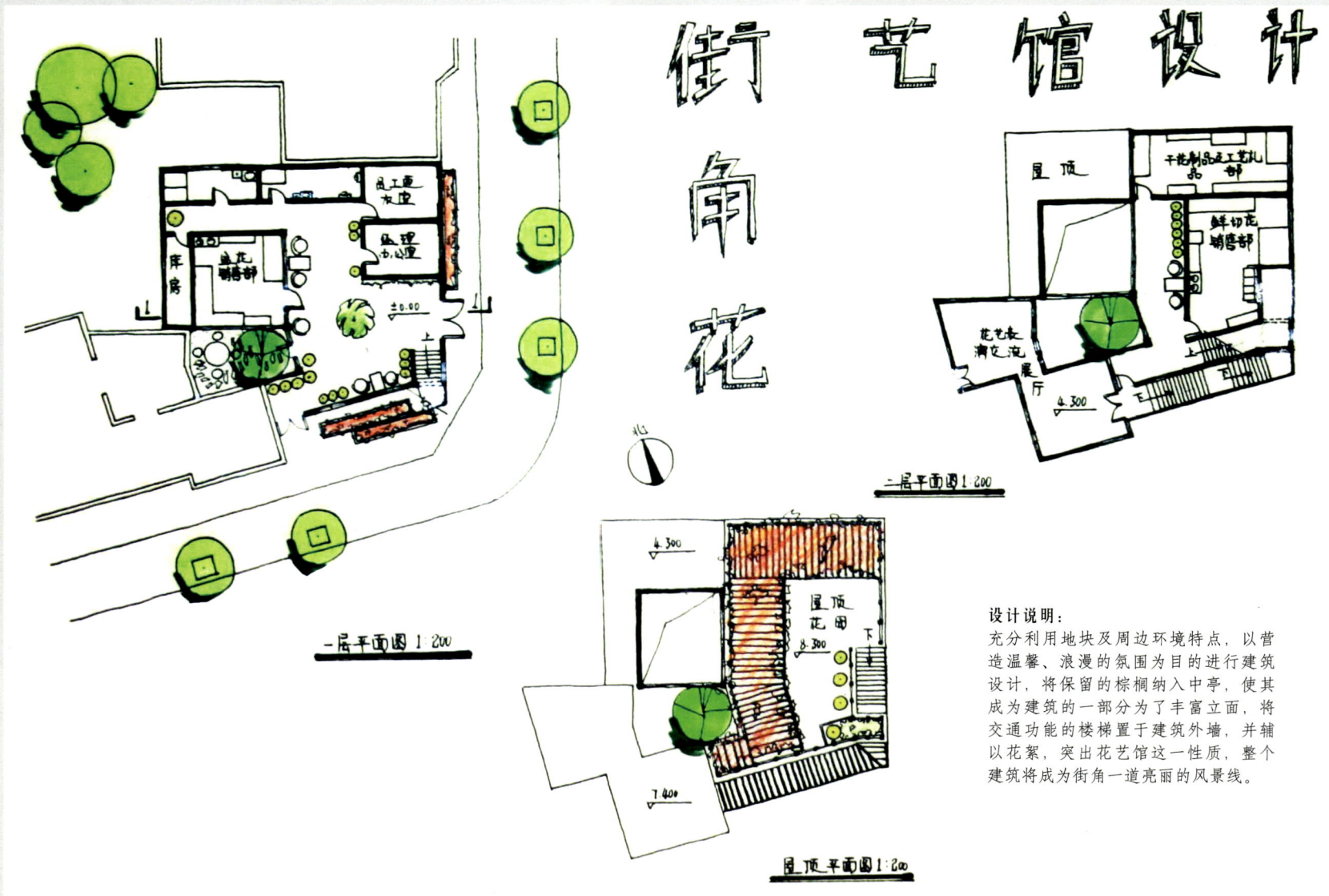

街角花艺馆设计

一层平面图 1:200

二层平面图 1:200

屋顶平面图 1:200

设计说明：

充分利用地块及周边环境特点，以营造温馨、浪漫的氛围为目的进行建筑设计，将保留的棕榈纳入中亭，使其成为建筑的一部分为了丰富立面，将交通功能的楼梯置于建筑外墙，并辅以花絮，突出花艺馆这一性质，整个建筑将成为街角一道亮丽的风景线。

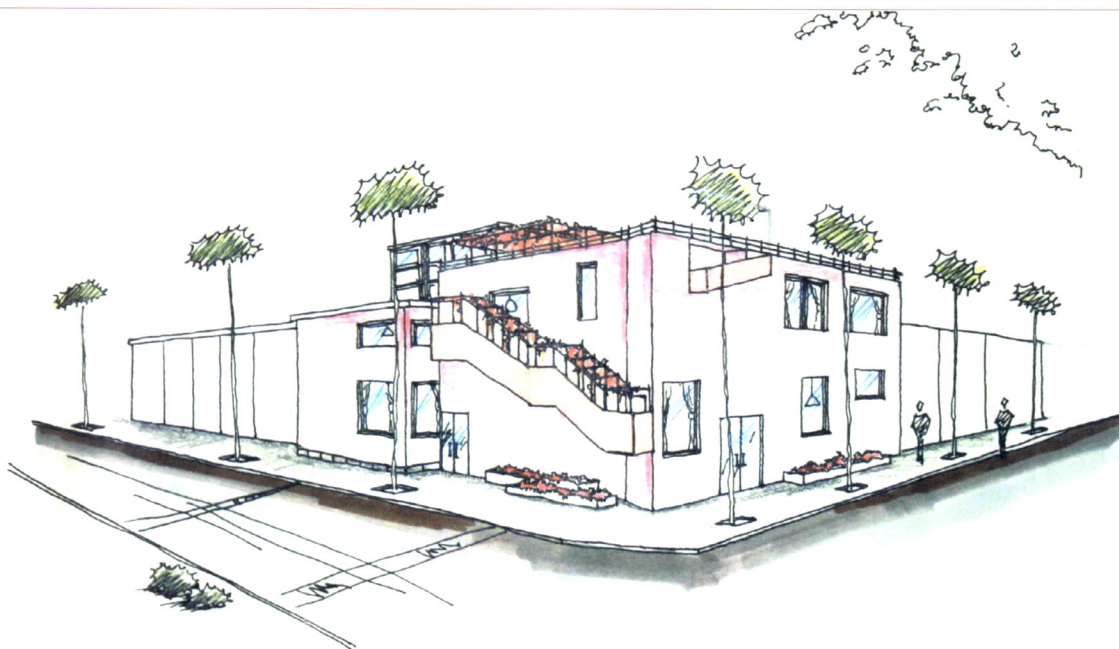

透视图

公园南街立面图1:200

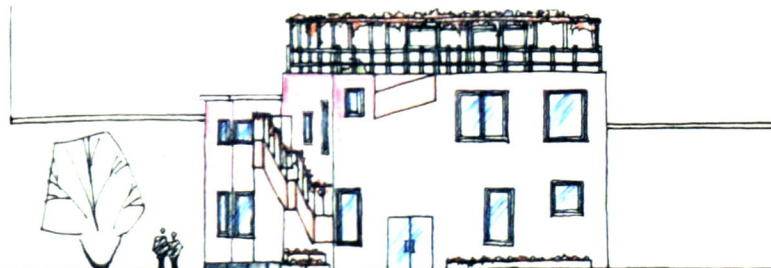

建国路立面图1:200

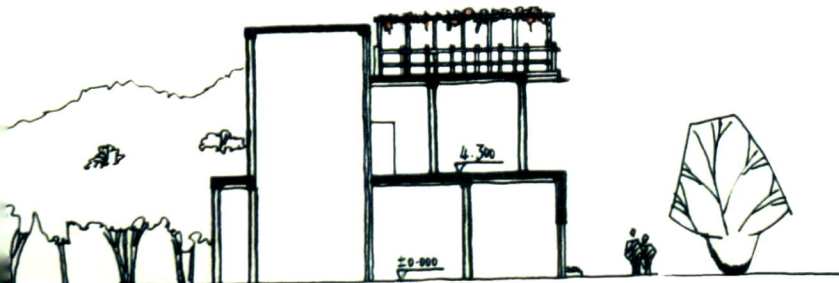

1-1剖面图1:200

实例 42 北京林业大学城规 03-4 班　刘帅　花艺馆设计（一）-2　A3 图纸

优点：立面图、剖面图及透视图绘制配景人，可作为尺度参考；有标高标注。

缺点：立面图窗户设计有待推敲，没有材质表达，局部与平面图不相符，没有虚实、进退的变化，对街道形成压迫，不具备很好的景观效果；

剖面地面线与屋顶线表达有误，盆花销售部房间过高，长宽与高度不成比例；

透视图角度选择应有重点，而非两侧均衡，配景效果不佳；

色彩选用不够稳重，缺乏协调性；图面整体效果欠佳。

Architeture Design

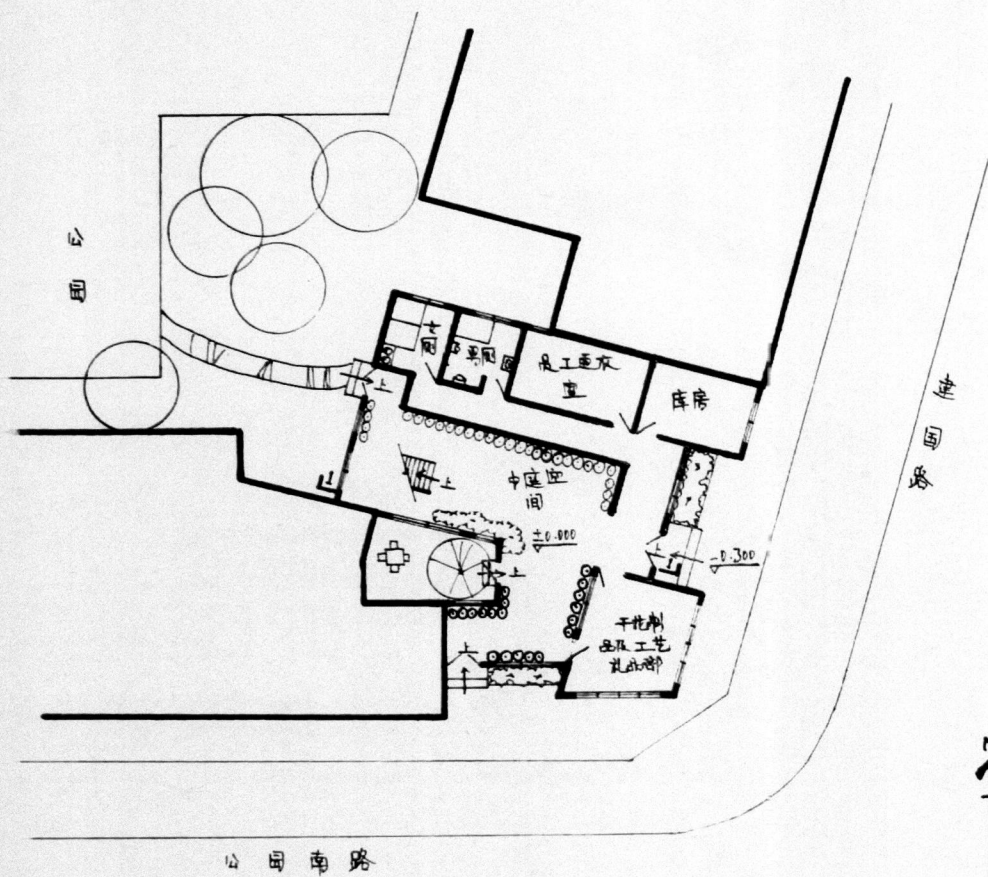

一层平面图 1:200

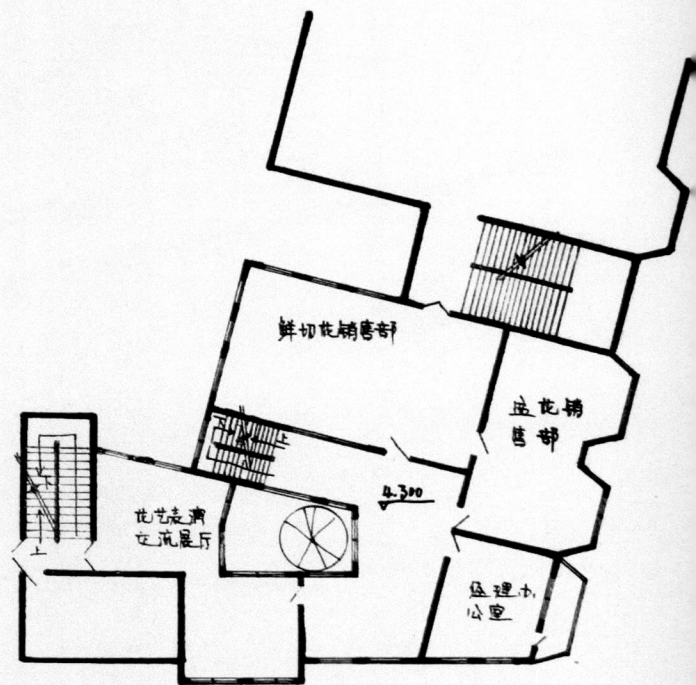

二层平面图 1:200

实例 43 北京林业大学城规 03-4 班　刘帅　花艺馆设计（二）-1　3.5 小时　A3 图纸

优点：本设计较方案（一）有了较大的提高：功能关系较（一）更加合理，流线组织也更加通畅；

　　　空间关系作了整体化处理，减少了浪费，塑造了更加具备个性的积极空间；

　　　平面图绘制出窗户，反映室内采光通风情况，平面做了进退处理，有利于形成丰富的街景；

　　　向着公园的方向开门，连同建筑与公园的通道；做了标高的标注；

　　　整体图面有构图，通过标题字、图纸编号及线条组织图面，更加显示专业功底。

缺点：局部空间依然局促；楼梯距离主出入口稍远；外门没有外开。

Architeture Design

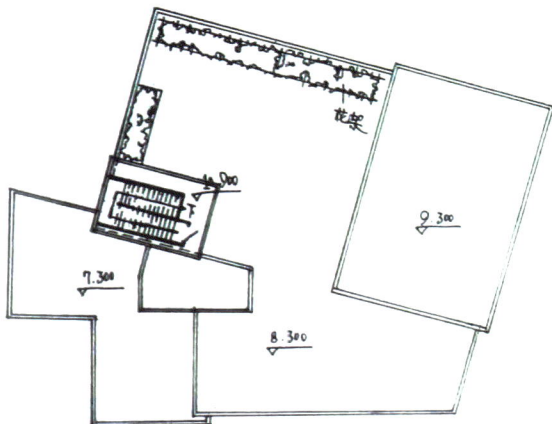

屋顶平面图 1:200

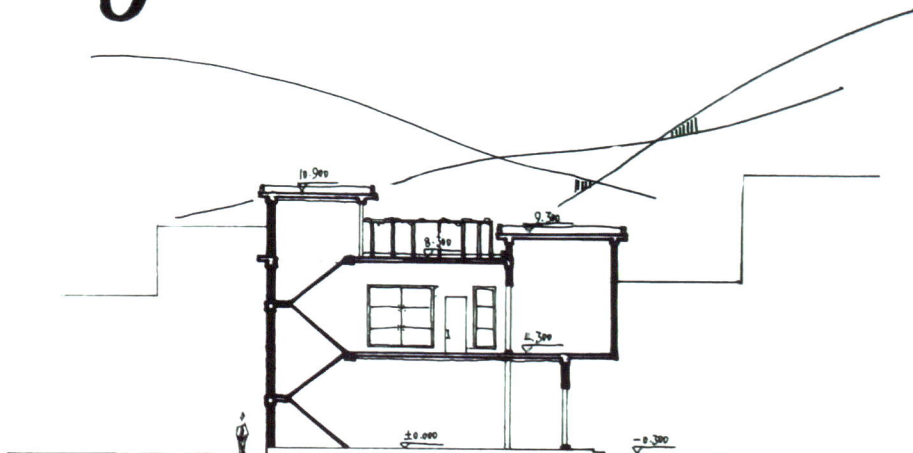

1-1 剖面图 1:200

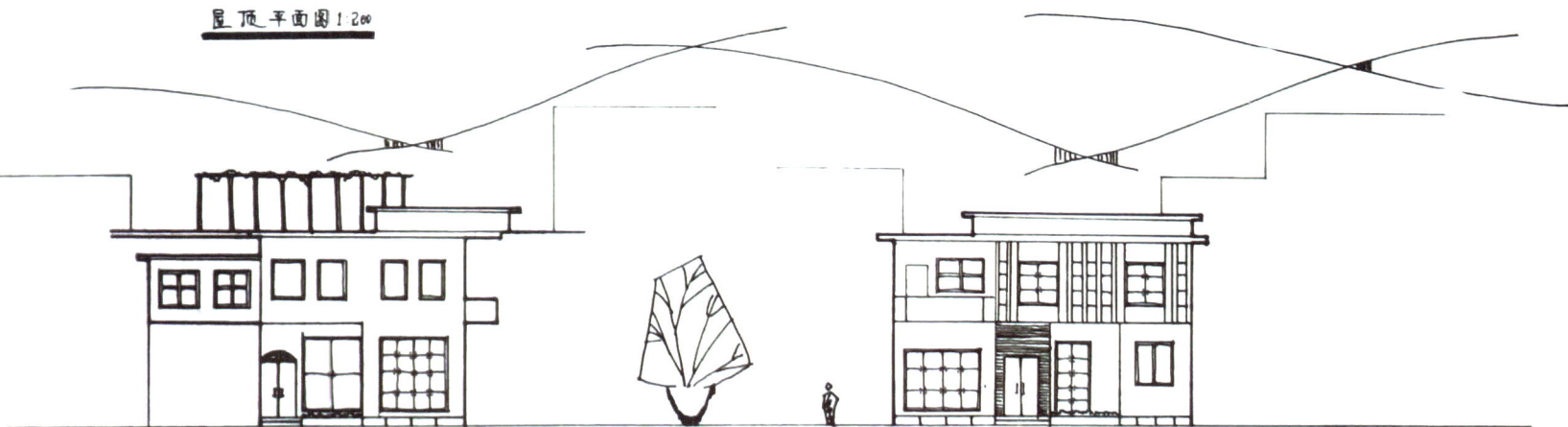

公园南路立面图 1:200

建国路立面图 1:200

实例 43 北京林业大学城规 03-4 班　刘帅　花艺馆设计（二）-2　A3 图纸

优点：剖面图较方案（一）有进步：地面线与屋顶线表现基本正确，标明了标高，区别了看线与剖切线；
　　　立面的表达门窗的设计更加具有秩序感，有一定的丰富度；加入了背景建筑轮廓线，使得设计建筑与原有建筑的关系更加明确；
　　　加入了天空线，使得画面不至于过空。

缺点：剖面图地面线应进一步加粗；立面稍乱，没有表现材质；
　　　图面没有用色彩进行深入的渲染表达。

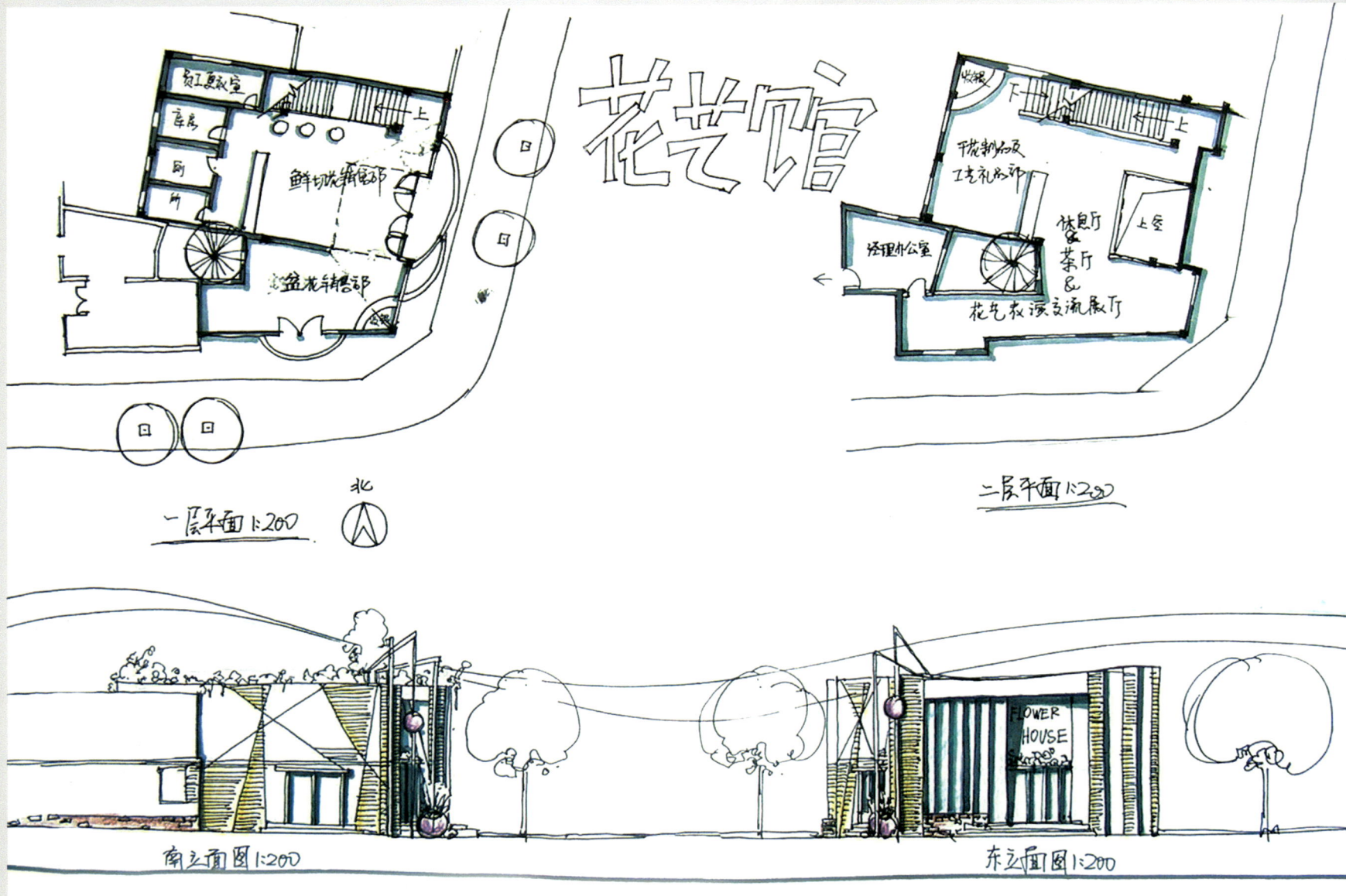

花艺馆

资工更教室
库房
厨房
厕所
鲜切花销售部
盆花销售部
上

一层平面1:200
北

干花制作及
工艺礼品部
上
收银
经理办公室
休息厅
茶厅及
花艺表演交流展厅
上空

二层平面1:200

南立面图1:200

FLOWER HOUSE

东立面图1:200

实例 44 北京林业大学城规 02-3 班　朱甜甜　花艺馆设计 -1　3 小时　A3 图纸

优点：功能分区基本合理，服务空间与被服务空间分开，交通较为流畅，且互不干扰；建筑保留原有树木，尊重环境；
创造相对开敞的室内空间，灵活加以利用，通过空间的收放或者家具等实现内部空间的再次划分；
立面划分具有有机感，在街道转角处设置架空廊架，搭配景观雕塑，点出花艺馆的主题，同时创造具有标志性的街景；
立面对材质做了一定表达；
配景树木高度概括，符合快速建筑设计的特点，天空通过流畅的曲线表现，联系两个立面，实现画面的统一；
在主入口设置吹拔，创造一、二层贯通空间，提供独特的空间与视觉感受；
色彩简单概括，协调统一。

缺点：平面图没有剖切符号；东立面图的开窗有待推敲，表达局部有误；外门应外开；线型外框可以更灵活设计。

设计说明：
1. 此方案从功能出发，把服务空间与被服务空间做成有机结合而互相不干扰的空间。
2. 考虑朝向问题，主要空间安排在东、南向阳部分。
3. 利用保留树的景观，安排盆花销售部、花艺表演交流展厅及经理办公室与之靠近，可以赏录。

屋顶平面 1:200

剖面图 1:200

实例 44 北京林业大学城规 02-3 班 朱甜甜 花艺馆设计 -2 A3 图纸

优点：屋顶花园的设计有一定章法，疏密得当，构图匀称；

色彩表现丰富，大胆运用对比色，效果强烈；

透视图层次区分较好，建筑通过线条与色彩来进行表达，天空蓝色的加入使得建筑更加醒目；

透视图通过线框及颜色与屋顶平面图及剖面图产生联系，相互呼应，图纸布局设计巧妙；

各图幅大小关系较为适宜，整体构图均衡。

缺点：剖面图中，从二层到屋顶花园的楼梯未表达；外框线应与剖面图的地面线从线型上进行区别；左侧配景树木应采
用统一线形。

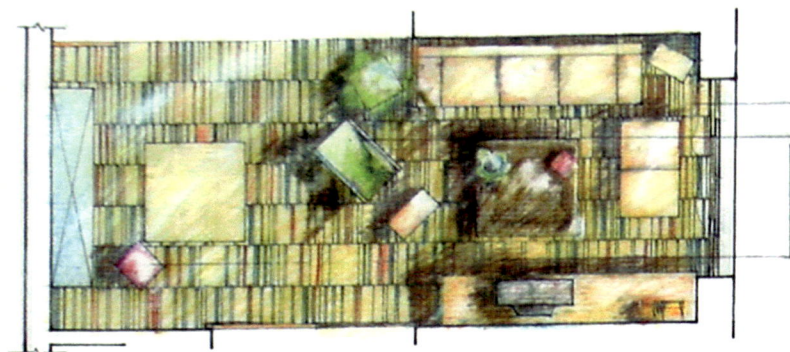

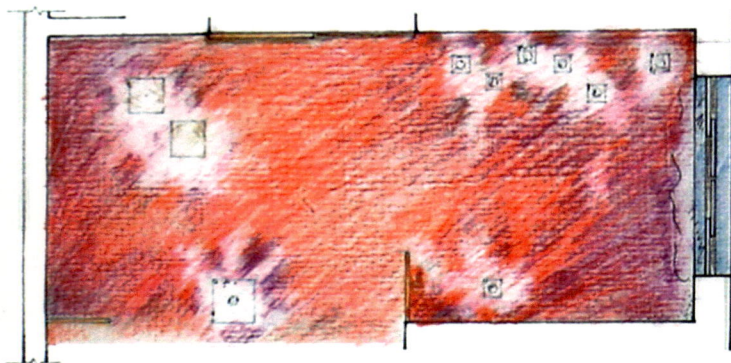

实例 45　北京林业大学城规 01-3 班　刘赞硕　家居环境设计　约 4.5 小时　A3 图纸

优点：本设计为室内设计，设计风格简洁，分区明确；家具布置较为合理；
　　　空间尺度控制较恰当，空间过渡自然活泼；
　　　立面充分运用色彩与灯光，创造了与功能相协调的气氛；
　　　运用彩铅绘图的技巧娴熟，大胆使用了对比色；
　　　整体效果具有较强的装饰性。

缺点：与门及其他房间交通关系未表达。

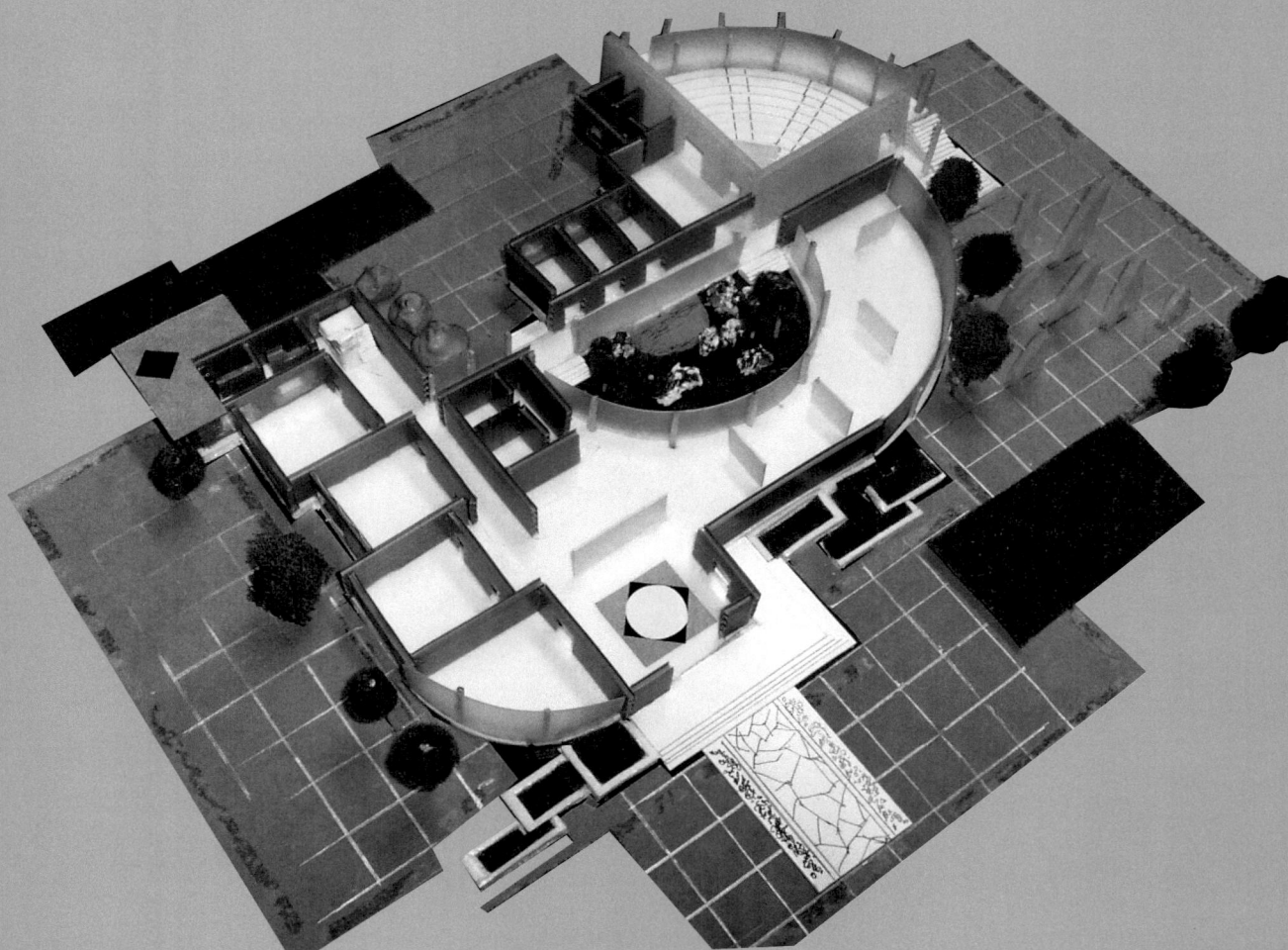

1. 简介

快速建筑模型制作即是用泡沫板、纸板等易于加工的材料，用快速的处理手段，以三维实体的形式表达阶段性设计构思、形态和构造的过程。其作品往往较粗糙，但能够说明最主要的设计特色，对于形态、比例、结构和美感的研究尤其重要。

在快速设计中，模型制作可以将平面图纸上的设计构思以最快的速度转化为三维的立体模型，其能力的培养，不仅能够提高动手能力，更重要的是能够提高创造能力，培养空间想象力以激发对下一步设计的灵感。模型制作同时也是设计过程中不可缺少的分析、评价的手段。简易模型有助于说明设计图纸，它直观性强，令人易于理解和判断。

计算机辅助软件也能建立模型，其使用带来了快速、精确、经济、直观的全新设计方式。然而，电脑制图存在着设备上、技术上的限制性，对于快速设计而言，手工模型制作具有计算机技术所替代不了的功用与优势。

2. 实例

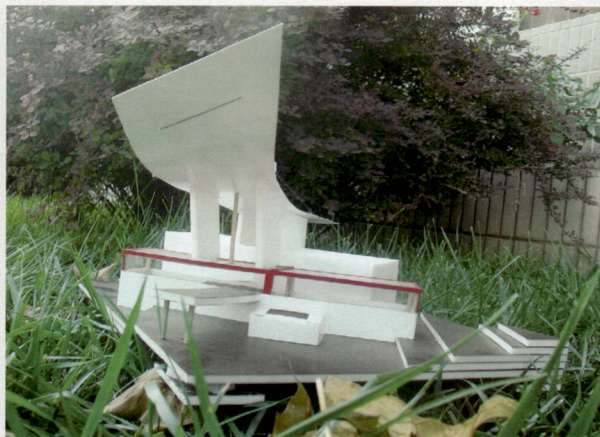

实例46 北京林业大学风景园林 00-2 班　孙莉
　　　　休闲空间设计

本模型制作材料主要采用聚苯板、白色卡纸、细木棍与透明塑料板。整体色彩以白色为主，局部点缀红色框架和木本色柱体结构。注重发挥不同材料本身的特性，如利用卡纸的柔韧性展示结构设计的飘逸特征；利用塑料板制作玻璃幕墙。制作手法细腻，作品精致。

实例 47 北京林业大学风景园林 00-2 班　王晔　休闲空间设计
　　本模型制作采用聚苯板、薄木板、红色卡纸和透明塑料板，材料运用突出表现设计中的立体构成因素和材质对比，色彩搭配简洁、有特色。

实例 48 北京林业大学风景园林 00-2 班　刘应强　休闲空间设计
　　本模型制作材料只采用聚苯板。利用材料本身的表层与内部的差异，通过黑白对比色彩的搭配，使模型极具线条表现力和体积感，表现出建筑形体的组合特征。

实例 49　北京林业大学风景园林 00-2 班　　陈志娟
　　　　　休闲空间设计
　　本模型制作材料采用聚苯板和木条两种材料。
　　完全靠形体之间的体块关系和模型材料的色彩
和质感的对比产生单纯而变化的空间和造型，将有
助于启发进一步设计中对方案的风格和材质搭配的
考虑。

实例 50　北京林业大学城规 01-3 班　　流水别墅模型制作小组

　　本模型制作材料采用聚苯板、木条和纸板。主要的材料聚苯板用来搭建所有的结构和形体，木条仅用于表现窗框，原建筑中颇具特色的毛石墙是同学们在卡纸上画出来的，为了表现原地形的岩石，将从附近工地上捡来的混凝土块都利用起来。整个过程全部是用手工完成，制作工具也仅限于常规的工具，工作很精细，但是通过这样的工作，加深了对这一著名建筑的理解，更能够体会建筑设计方案的魅力所在。

大学生活动中心模型二
一层平面

实例 51 北京林业大学城规 01-3 班　薛菲　大学生活动中心设计

　　为了表现众多的元素和整体环境，本模型制作材料采用聚苯板、木条、卡纸板、透明塑料膜、绿绒纸等多种材料。

　　模型制作表现完整而细致，还可以分层拆解，对建筑内部空间和结构的说明更加清晰明了。通过模型帮助推敲建筑造型、材质变化等。

　　地面铺装、树木和配置小景的用材和制作没有忽视。

实例 52　北京林业大学城规 01-3 班　　刘赟硕　　大学生活动中心设计

　　本模型制作材料采用瓦楞纸与透明塑料板，材料运用有特色，整体风格粗犷与细腻形成强烈对比；注重表现设计理念和造型体块关系，能较快地反映总体设计意图。

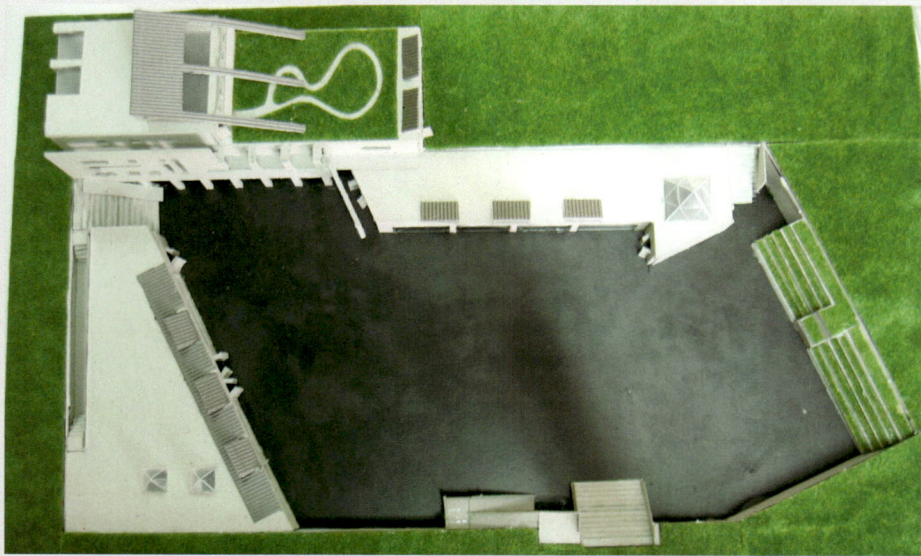

实例 53 北京林业大学城规 01-3 班　刘博新
　　　　大学生活动中心设计

　　本模型制作材料主要采用硬纸板，制作工艺较为精细，色彩淡雅。利用材料的细微差异，表现出建筑形体的细部变化，更加有助于对建筑设计的深入理解。

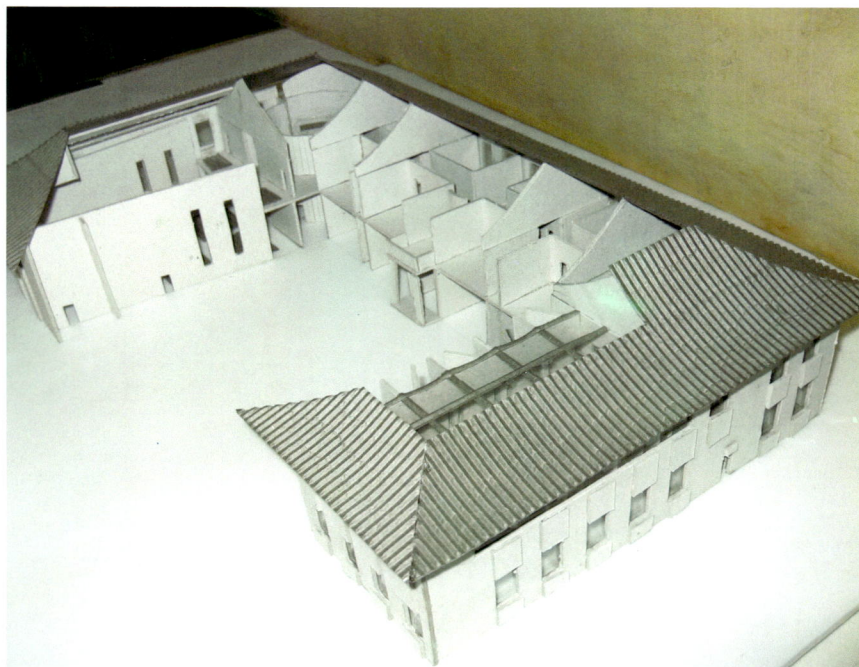

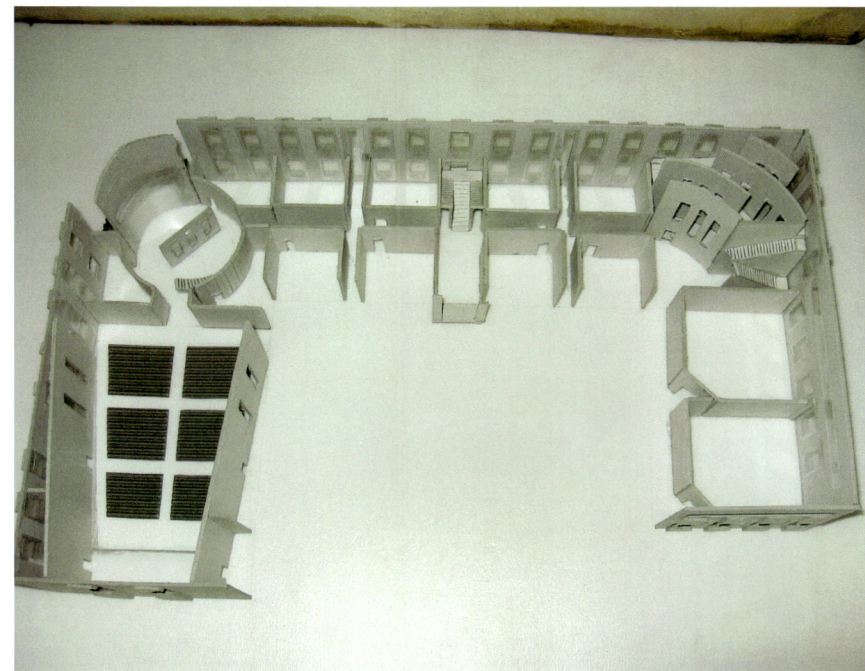

实例 54 北京林业大学城规 01-3 班　廖自涵　大学生活动中心设计

　　本模型制作材料采用瓦楞纸与硬纸板，材料运用注重表现建筑开间与结构关系，直接地反映设计意图，并且模型可以分层拆解展示，有助于设计时仔细推敲内部空间。

Crystal House
—— 学生活动中心   1:150

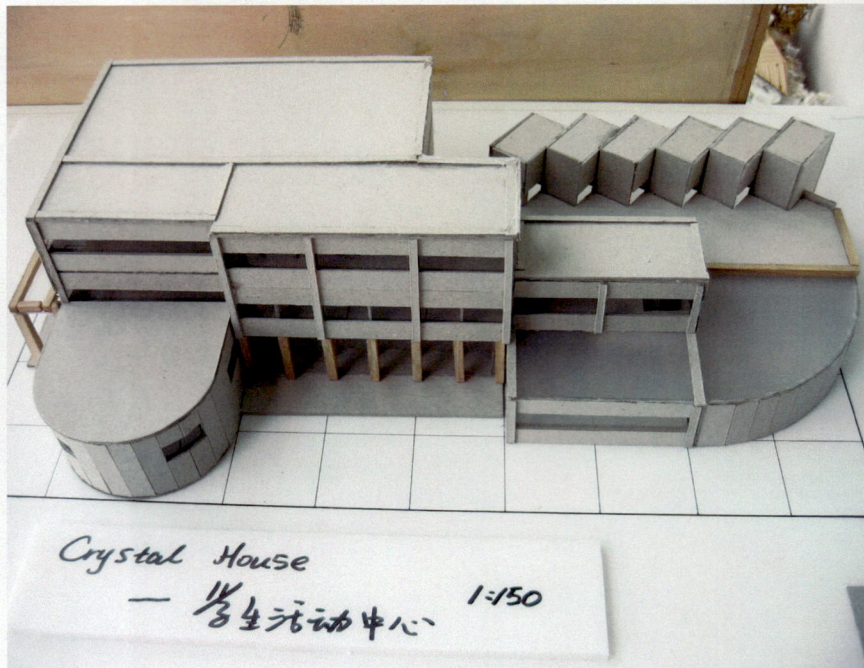

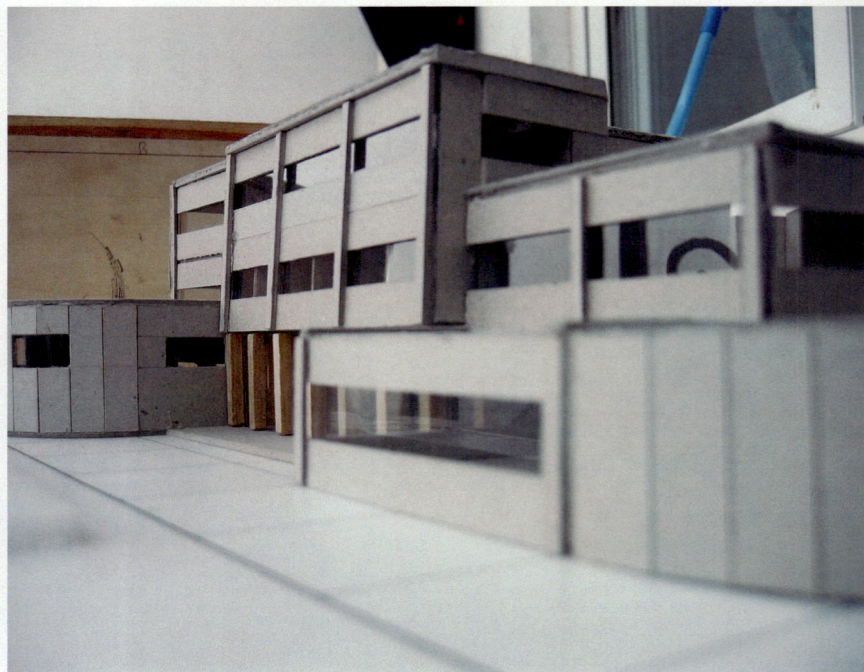

实例 55 北京林业大学城规 01-3 班   张磊
　　　　大学生活动中心设计
　　本模型制作将硬纸板与木条搭配应用，使材料各尽其长，最高效的完成模型。
　　为了易于造成弧形外墙，先将硬纸板的外侧用刀均匀划出竖向条块，再做弧形弯曲，方法简单易行，效果明显。

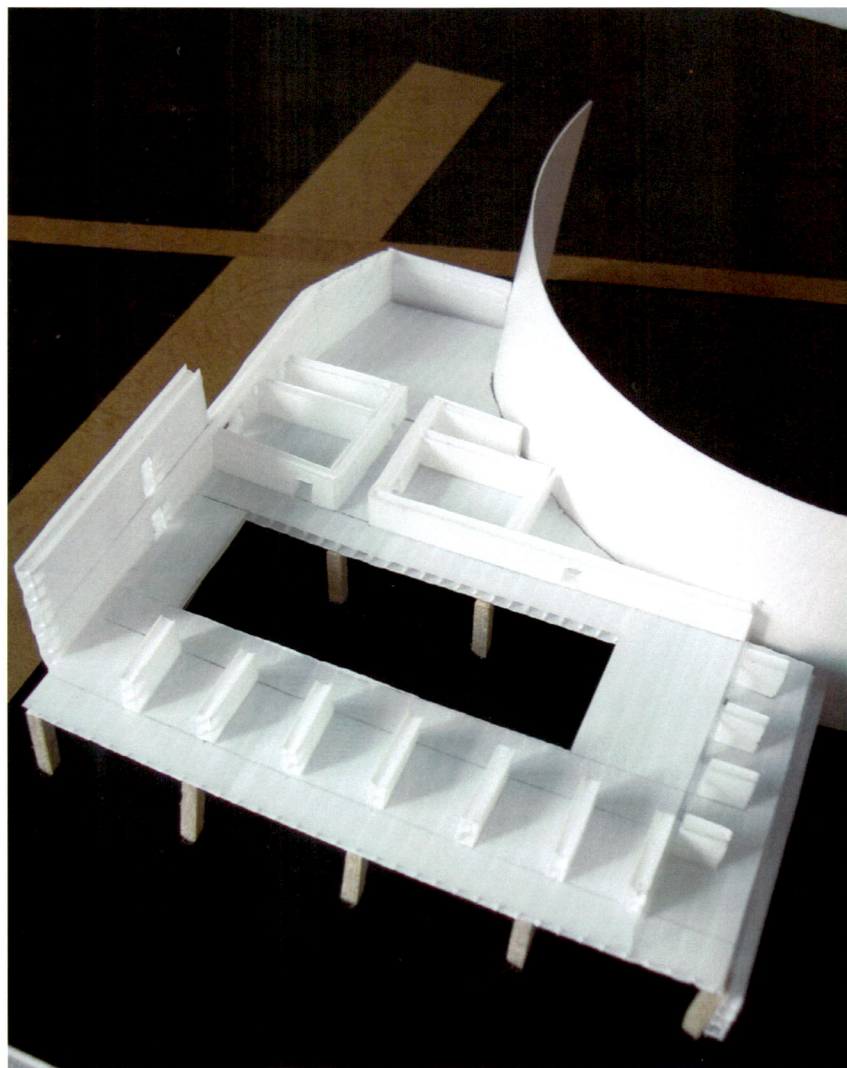

实例 56 北京林业大学城规 01-3 班   张胤
     大学生活动中心设计

纸板、泡沫塑料材料便于塑造弧形造型；地面通过贴纸的方法进行创作，快捷有效。

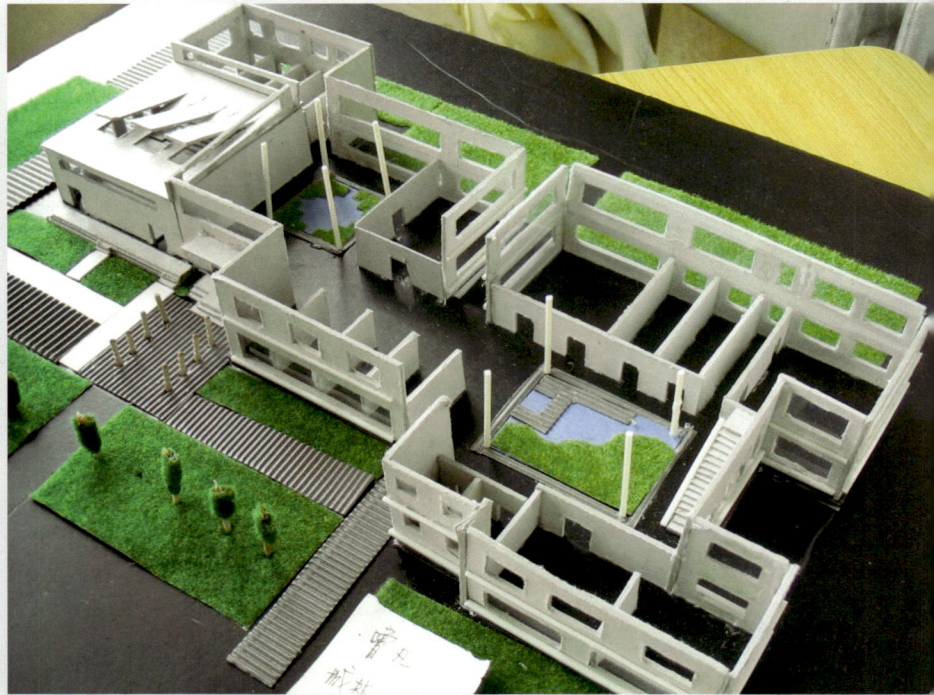

实例 57 北京林业大学城规 01-3 班　曾凡
　　　　大学生活动中心设计

　　本模型制作材料采用了硬卡纸、瓦楞纸和塑料棍。硬挺的卡纸适合制作坚实的建筑，瓦楞纸在这里用来表示带有花纹的铺装，室内的柱网也选用与比例相应直径大小的白色柱状塑料。

　　简单的材料和工艺不仅完成了对设计思想的形象解析，还使得方案本身的质朴感更加突出。

实例 58　北方工业大学城
规 06A-2
浦晨霞
　　利用pvc板制作模型
主体；冰裂纹的纹理通过
涂改液绘制而成，富有创
造性，且较为快捷；周边
树木捡取校园内的枯枝制
作。

实例 59　北方工业大学城规 06A-2　梁雯

　　制作模型时考虑颜色，有利于整体色彩的把握；模型可用于推敲方案的虚实关系。

实例 60　北方工业大学建学 05A-1　刘敏

　　模型利用木板进行简单的叠加，塑造设计形体，通过此方法，可推敲建筑各部分的比例关系。

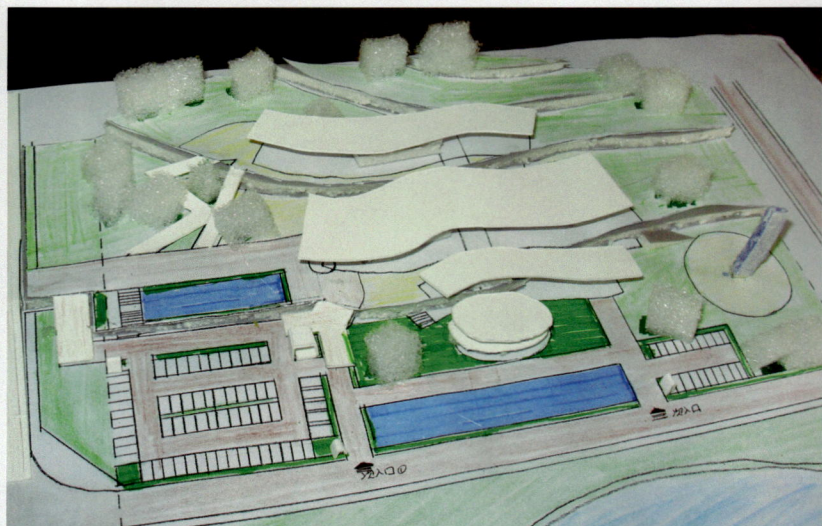

实例 61 北方工业大学建学 05A-1　王增光

　　本模型采用纸板与泡沫塑料等材料，容易加工且价格经济。
　　周边环境通过针管笔与马克笔的绘制完成。

实例 62　北方工业大学建学 05A-1　王增光

　　模型利用木板进行简单的叠加，塑造设计形体，通过此方法，可推敲建筑各部分的比例关系和组合方式。但是，细节表达不是本类模型能够解决的问题。

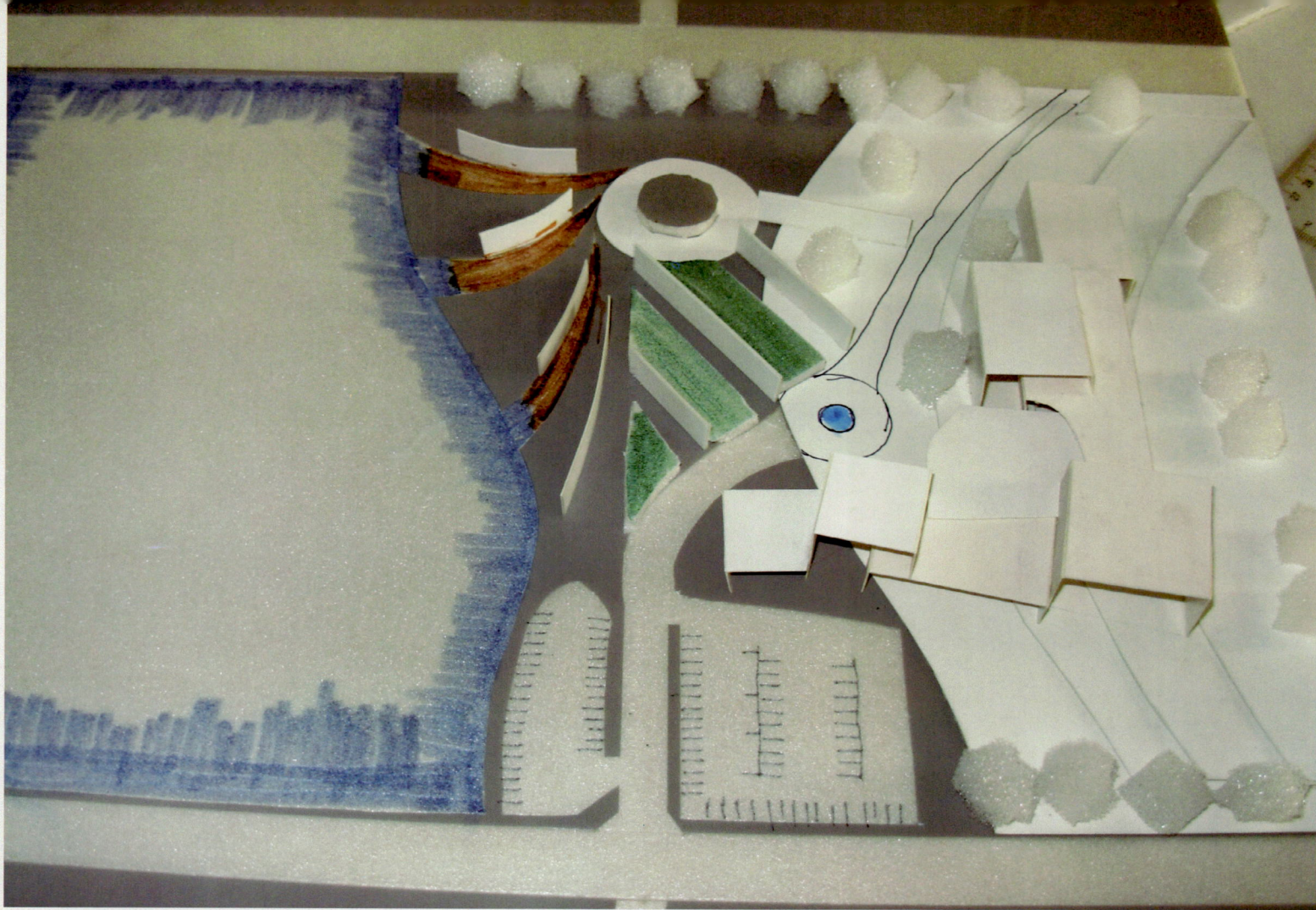

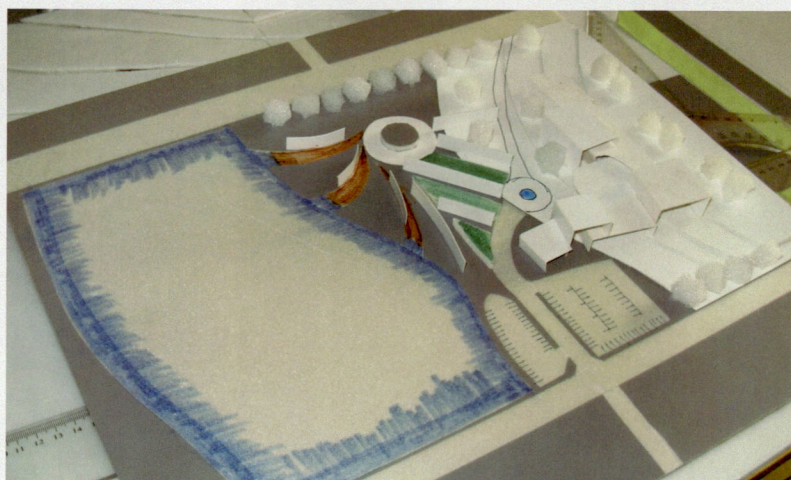

实例 63 北方工业大学建学 05A-1 钟伟荣

　　纸板、泡沫塑料材料便于塑造弧形造型；地面通过贴纸的方法进行创作，快捷有效。

第五章
园林建筑快速设计题例

茶室设计

一、选址

位于北京市某市级公园内，公园的主要功能是为游人提供休憩、饮茶的场所，地势平坦，略有起伏，占地8hm²，水面为全园面积的1/3。茶室位于湖北岸临水的坡地内。

二、设计要求

1. 因地制宜　根据选址的地理气候条件、环境特色，设计一处具有地方风格的风景建筑，即为游客提供凭眺湖光美景的驻足点，又能成为公园一景。通过设计了解一般茶室建筑的基本设计要求，合理有效地组织安排不同的功能空间，因地制宜地考虑地形的高差变化，并结合室外环境设计。

2. 功能合理　茶室主要为贵宾服务，茶室为一般游客服务，两种功能即各自独立又互相联系，除按规定面积设计室内空间外，还应充分利用室外空间作为露天茶座。

3. 烧水间、茶具储存、小卖柜台及男女洗手间等服务设施设计。

4. 建筑主要为一层，局部二层。

三、建筑组成

1. 建筑面积　240 m²±10%　可供80人同时使用。

2. 房间数量及使用面积

入口前厅	20 m²
茶室	80 m²
小卖柜台	6 m²
备茶、烧水间	30 m²
游客洗手间24 m²（男女便器各2个，男用小便器3个）	
员工更衣室、浴厕	20 m²
游廊、亭、敞厅等	≈40 m²
贮藏间	10 m²
小品及其他设施自定	

3. 结构类型　砖混结构，混凝土框架结构等，可以自选。

4. 装修标准　采用木门窗、塑钢窗，内部装修采用中等抹灰、水泥或水磨石、地面砖，外装修可以采用全部装修或局部装修。

四、设计成果要求

1. 总平面图	1:300
2. 首层、二层平面图	1:100
3. 立面图（南、东2个）	1:100
4. 剖面图2个	1:50
5. 细部节点详图	比例自定

6. 透视图、鸟瞰图（或轴测图）表现手法不限。

7. 设计说明包括 ①方案构思；②总建筑面积及各项建筑指标

五、图纸规格及数量

1. 图幅规格	A3号绘图纸
2. 数量	幅数不限

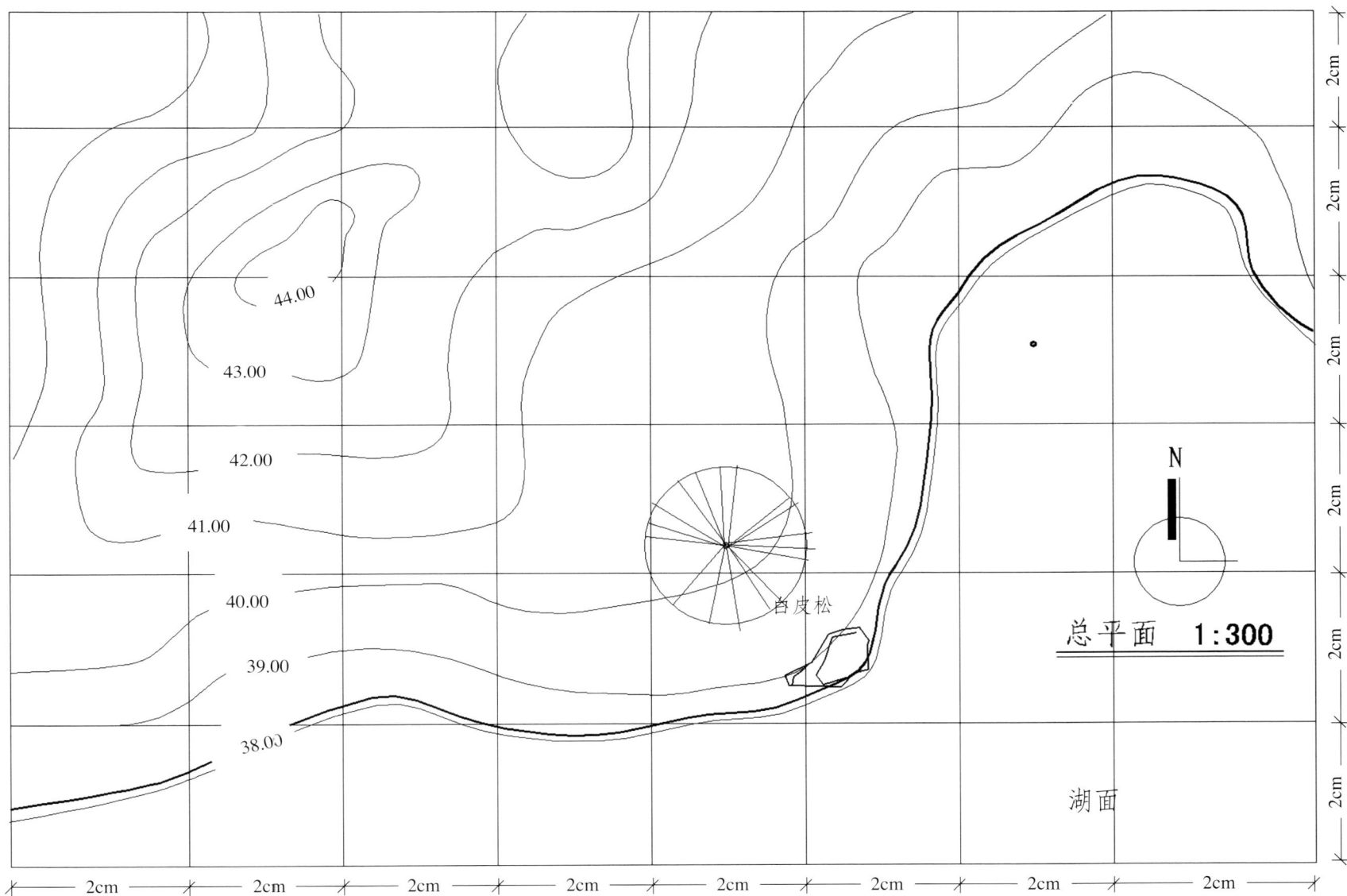

44.00

43.00

42.00

41.00

40.00

39.00

38.00

白皮松

N

总平面 **1：300**

湖面

游客服务中心设计

一、选址

位于某风景区内，风景区的主要功能是为游人提供游憩、欣赏自然风光的场所，地形多样而丰富，接待室选址于半山腰地带，背山而立，地形坡度较大，地表有常绿和落叶乔木、裸露的岩石和峭壁，占地约0.5hm²，有机动车和步行道相连通。考生自行选择图中用地位置。

二、设计要求

1. 自选以下设计任务所在区域：北京西郊、广州白云山、吉林长白山、陕西终南山。

2. 服务中心主要为游客提供咨询、休息、餐饮、住宿的服务，既可是赏景的场所，又要成为被欣赏的对象。

3. 设计要充分利用原地形，保留大树和岩石。

4. 根据选址的地形特点、自然环境特征，设计方案要充分考虑与环境的关系，建筑风格突出地域特征。

5. 建筑造型要满足既可以为游客提供凭眺美景的驻足点，又能成为此地一景。

6. 建筑高度以1层为主，局部可2~3层。

7. 建筑面积450~600 m²。

三、建筑组成

1. 门厅	20 m²
2. 接待室（兼茶室）	40~60 m²
3. 餐厅（大餐厅1个、小餐室2个）	80~100 m²
4. 厨房一间	80~100 m²
5. 标准间客房4间	80~120 m²
6. 男女厕所各一间	20~30 m²
7. 办公、管理室、储藏	70~100 m²
8. 员工更衣室、浴厕	30 m²
9. 其他(游廊、敞厅等)	自定

建筑总面积≤550 m²

四、设计成果要求

图纸内容：

1. 总平面图	1:500
2. 平面图	1:100
3. 立面图	1:100
4. 剖面图	1:100
5. 透视图或鸟瞰图	
6. 说明书	200~400字

五、图纸规格及数量

图纸大小：A1号图纸1~2张，或A2号图纸若干张，表现方法不限。

37.00

35.00

总平面 1：300

峭壁

7.500

槐

岩石

岩石

岩石

5.00

岩石

槐

岩石

槐

2.50

岩石

岩石

槐

岩石

槐

岩石

0.00

—✕— 2cm —✕— 2cm —✕— 2cm —✕— 2cm —✕— 2cm —✕— 2cm —✕— 2cm —✕— 2cm —✕— 2cm —✕—

科普展览馆设计

一、设计任务

科普展览馆建筑是公园、风景区，甚至是社区内较为常见的类型，以宣传普及科学知识为首要任务，主要方式为展示有关的图片、实物和放映影片，展示的同时也提供短暂休息的场所，因而这类建筑在实际工作中常会遇到。

现给出供选择的建筑基地两种，均位于北京地区，基地上有需保留的乔木。由考生自行选择其中之一进行设计。

二、设计要求

考生自行确定科普展示的主题，设计方案应满足自然条件的限制和社会生活的要求，注重以下几个方面的表达：

1. 建筑与庭院的综合设计。（古典与现代）
2. 建筑与所在地环境的协调，如气候、地形、人文。
3. 建筑的造型设计。
4. 建筑的室内外空间的设计。
5. 细部的艺术处理，立面、室内、敞廊。
6. 局部构造处理

建筑高度不超过二层，局部可设三层。

三、建筑组成规模

总建筑面积≤350 m²：

门厅	20 m²
展示厅	120～150m²
放映室	30～40 m²
休息厅	30 m²
卫生间	30 m²
加工室	15 m²
储藏	15 m²
办公、管理室、	30 m²
员工更衣室、浴厕	15 m²
其他	自定

室外展区≤100 m²（不计入建筑面积内）

四、完成图纸要求

1. 总平面图：（道路、广场、绿化布置等）1:500（10分）
2. 各层平面图：（包括建筑小品、主要展品、家具的布置，首层平面图应包括建筑周边环境）1:100（50分）
3. 立面图：二个 1:100（40分）
4. 剖面图：一个 1:100（20分）
4. 透视图：（普通人正常视高位置的透视效果图）（20分）
5. 说明文字：200字以内，包括立意构思分析图（10分）。

五、图纸规格及数量

图纸大小：A2（594×420mm）图纸若干张，表现方法不限。

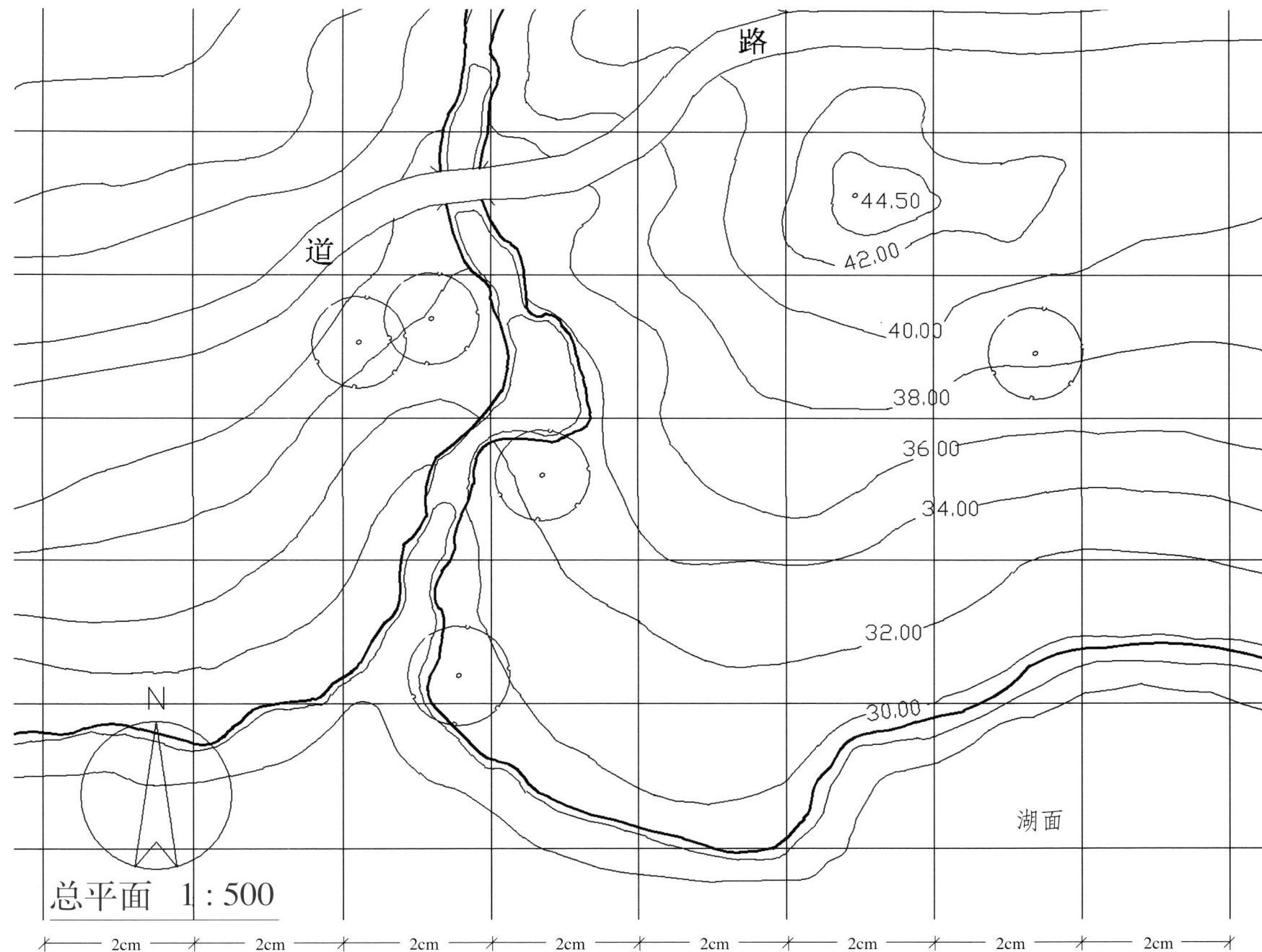

路

道

°44.50

42.00

40.00

38.00

36.00

34.00

32.00

30.00

湖面

N

总平面　1：500

2cm　　2cm　　2cm　　2cm　　2cm　　2cm　　2cm　　2cm

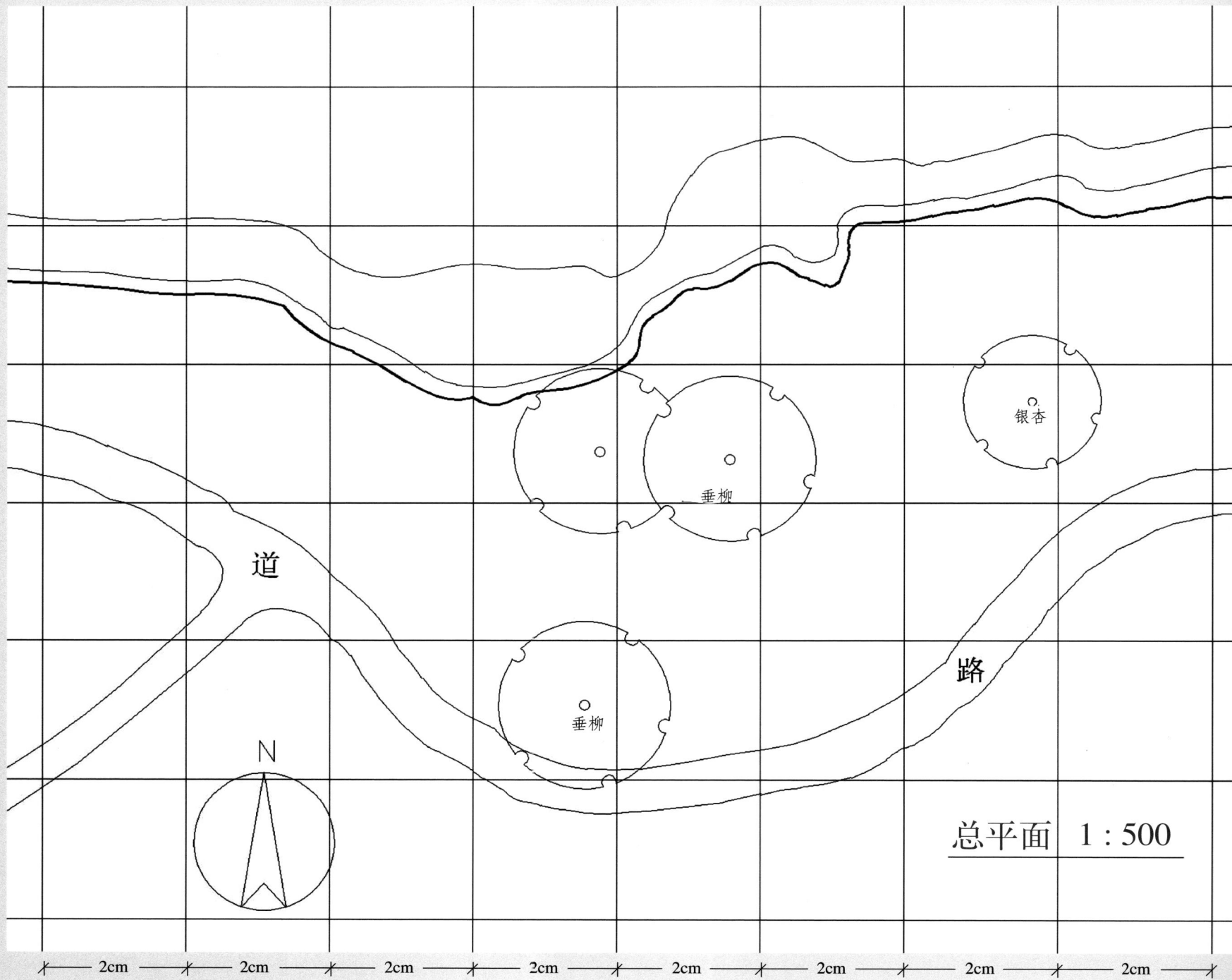

銀杏

垂柳

道

路

垂柳

N

总平面 1 : 500

├── 2cm ──┼── 2cm ──┼── 2cm ──┼── 2cm ──┼── 2cm ──┼── 2cm ──┼── 2cm ──┼── 2cm ──┤

公园入口大门设计

一、选址

位于北京市某市级公园东部，与城市交通主干道相邻。公园的主要功能是为游人提供休憩、游览、饮茶的场所，地势平坦，略有起伏，占地10hm²。公园入口大门选址于图中红色区域，现有建筑需拆除，同学要统筹设计安排有关功能。

二、设计要求

1. 公园大门处是城市与公园之间的过渡空间，使城市街景的组成部分，也是公园游览的起点，要有优美和谐的

造型，还有能够体现公园的规模、性质，代表公园的形象，突出公园的游览主题。

2. 公园大门是公园的主要出入口和游人集散场所，要合理安排游人路线和车辆交通，保证安全。

3. 建筑设计中既要满足门卫管理的需要，还要安排为游客提供一定的游览服务的设施。

4. 符合基地的地理、气候条件要求。

5. 建筑主要为一层。

三、建筑组成

1. 建筑面积　　　　　　150 m²±10%
2. 建筑内容及面积

出入口

门卫、管理及内部使用厕所	30 m²
茶室	30 m²
游客服务部	30 m²
游客洗手间	24 m²

（男女便器各2个，男用小便器3个）

自行车存放处　　　　　　≈40 m²

公园出入口内外广场及游人等候空间

园林小品及其他内容和设施自定

四、设计成果要求

1. 总平面图　　　　　　1：500

（含入口区总体设计内容）

2. 平面图　　　　　　　1：100
3. 立面图（南、东二个）　1：100
4. 剖面图二个　　　　　　1：50
5. 细部节点详图　　　比例自定
6. 透视图、鸟瞰图（或轴测图）表现手法不限，透视要正确。

7. 设计说明可包括图示

五、图纸规格及数量

1. 图幅规格　　　　　A3号绘图纸
2. 数量幅数不限（其中1幅绘有透视图）

沟

河

入口区

·14.2

·14.6

·14.1

14.9

SH18
17.24

·14.3

14.2

·13.2

·14.3

·13.5

·13.7

人民公园

人民大桥

·13.8

·15.7

16.9

·14.1

·14.7

N

·15.9

·23.2

20

河

沟

·15.9

位置土 1：5000

·15.8

·15.3·20.5

·15.7

·15.7

17.3

17.5

·18.9

17.6

17.3

·13.1

·19.4

路

·18.3

·15.2

15.7

15.1

游船码头设计

一、选址

位于北京地区某水域岸边，水域部分主要是为游客提供划船游赏、水上游戏的场所，水面较为宽阔，码头基地所处驳岸略有突凹变化。

二、设计要求

1. 建筑设计应充分满足游客使用安全、方便的要求，除具有游船停靠的功能外，还安排有游客临时休息的空间，要保证管理人员的工作程序顺畅便捷，合理有效地组织安排不同的功能空间。

2. 整个建筑应当成为滨水景观的一部分，并结合建筑内外环境着手设计。

3. 因地制宜地考虑地形的高差变化，

4. 建筑主要为1层，局部2～3层。

三、建筑组成

1. 建筑面积　　　　　200 m² ± 10%
2. 建筑内容及面积

　售票处　　　　　　　10 m²

　收票处　　　　　　　6 m²

　工作人员休息室　　　15 m²

游人候船茶室　　　　　　60 m²

游客洗手间24 m²（男用便器2个、小便器2个，女用便器3个）

上下码头甲板　　　　　　30 m²

停泊游船位40只（可以利用附近水面）

贮藏间　　　　　　　　　10 m²

游廊、亭、敞厅等　　　≈40 m²

小品及其他设施自定

四、设计成果要求

1. 总平面图　　　　　　　1:500
2. 首层、二层平面图　　　1:100
3. 立面图（南、东二个）　1:100
4. 剖面图二个　　　　　　1:50
5. 细部节点详图　　　比例自定
6. 透视图、鸟瞰图（或轴测图）表现手法不限，透视要正确。

7. 设计说明包括：①方案构思，可加图示；②建筑面积及各项指标。

五、图纸规格及数量

1. 图幅规格　A2号绘图纸
2. 数量　　幅数不限

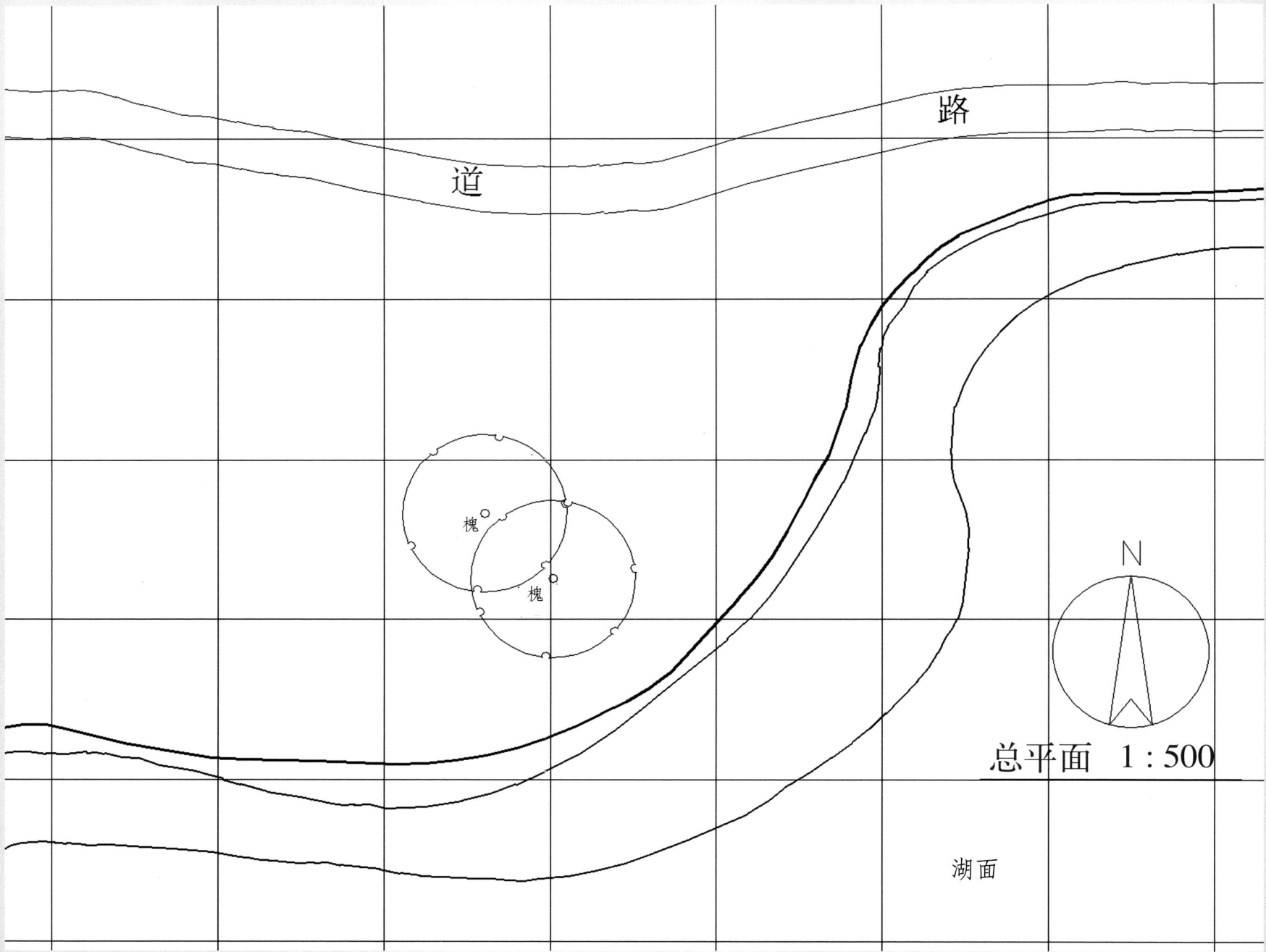

路

道

槐

槐

N

总平面 1 : 500

湖面